山东社会科学院　主办　·2016年创刊·

中国海洋经济

MARINE ECONOMY IN CHINA

第9辑

主编　孙吉亭

社会科学文献出版社
SOCIAL SCIENCES ACADEMIC PRESS (CHINA)

编 委 会

Editorial Committee

编　辑　部

Editorial Department

历心于山海而国家富

——主编的话

海洋是生命的摇篮、资源的宝库，也是人类赖以生存的“第二疆土”和“蓝色粮仓”。中国自古便有“舟楫为舆马，巨海化夷庚”的海洋战略和“观于海者难为水，游于圣人之门者难为言”的海洋意识，中国海洋事业的发展也跨越时空长河和历史积淀而逐步走向成熟、健康、可持续的新里程。从山东半岛蓝色经济区发展战略的确立到“一带一路”重大倡议的推动，海洋经济增长日新月著。一方面，随着国家海洋战略的不断深入，高等院校、科研院所以及政府、企业对海洋经济的学术研究呈现破竹之势，急需更多的学术交流平台和研究成果传播渠道；另一方面，国际海洋竞争的日趋激烈，给海洋资源与环境带来沉重的压力与负担，亟须我们剖析海洋发展理念、发展模式、科学认知和科学手段等方面的深层问题。《中国海洋经济》的创刊恰逢其时，不可阙如。

当我们一起认识中国海洋与海洋发展，了解先辈对海洋的追求和信仰，体会中国海洋事业的艰辛与成就，我们会看到灿烂的海洋遗产和资源，看到巨大的海洋时代价值，看到国家建设“海洋强国”的美好愿景和行动。我们要树立“蓝色国土意识”，建立陆海统筹、和谐发展的现代海洋产业体系，要深析明辨，慎思笃行，认真审视和总结这一路走来的发展规律和启示，进而形成对自身、民族、国家、海洋及其发展的认同感、自豪感和责任感。这是《中国海洋经济》栏目设置、选题策划以及内容审编所遵循的根本原则和目标，也是其所秉承的“海纳百川、厚德载物”理念的体现。

我们将紧跟时代步伐，倾听大千声音，融汇方家名作，不懈追求国际性与区域性问题兼顾、宏观与微观视角集聚、理论与经验实证并行的方向，着力揭示中国海洋经济的发展趋势和规律，阐述新产业、新技术、新模式和新业态。无论是作为专家学者和政策制定者的思想阵地，还是作为海洋经济学术前沿的展示平台，我们都希望《中国海洋经济》能让观点汇集、让知识传播、让思想升华。我们更希望《中国海洋经济》能让对学术研究持有严谨敬重之意、对海洋事业葆有热爱关注之心、对国家发展怀有青云壮志之情的人，自信而又团结地共寻海洋经济健康发展之路，共建海洋生态文明，共绘“富饶海洋”“和谐海洋”“美丽海洋”的壮丽蓝图。

寄语2020

2020 年，我国将全面建成小康社会，实现第一个百年奋斗目标，海洋经济也将进入高质量发展的重要时期。

海洋是全球各大陆相连接的天然通道，是互联互通、外向开放的天然纽带，是人类社会共同发展与繁荣的源头。“海洋命运共同体”代表着中国的世界观和海洋观，成为中国海洋强国建设的指南针。

“君不见黄河之水天上来，奔流到海不复回。”黄河奔腾而下，带来高原黄沙，沉积出平原，灌溉起沃野，哺育出在中国大江大河中面积最广袤、生态性状最典型、保护意义最重大的河口三角洲——黄河三角洲。黄河三角洲是世界上最典型的河口湿地生态系统。在这里，立于黄土，手掬海水，黄蓝交汇，河海相拥。黄河流域生态保护和高质量发展这一国家战略，已成为黄河治理、保护和发展的新起点，将带动整个黄河流域的生态保护及渤海湾的综合治理，对于展示大河文明和河口文化、建设全国生态文明和保护世界生物多样性具有重要支撑作用和长远战略影响，也为海洋强国建设注入了强大的力量。

我们一定要牢牢抓住这一重大历史机遇，肩负起历史赋予我们的重任，进一步做好海洋资源的科学化、节约化和集约化利用，将海洋资源开发与生态保护纳入法治的轨道，强化综合管理，做到有法必依、违法必究。同时，严格实施生态补偿制度，做好受损区域的生态修复工作，促进海洋经济的蓝色增长和绿色发展。坚持陆海统筹发展的思路，通过科技创新突破关键技术，开发有竞争力的优势产品，避免同质化竞争，建立完善的现代海洋产业体系，引领海洋经济高质量发展，把黄河三角洲打造成黄河流域生态保护和高质量发展的先行区和标志区。加强区域海洋合作，参与全球海洋治理，倡议世界各国秉持相同理念，维护海洋和平与稳定，建立开放包容、和谐共处、具体务实、互利共赢的蓝色伙伴关系。

孙吉亭

2020 年 4 月

目　录

（第 9 辑）

海洋产业经济

海洋区域经济

海洋生态环境与管理

海洋文化产业

CONTENTS

(No.9)

Marine Industrial Economy

Marine Regional Economy

Marine Ecology Environment and Management

Marine Cultural Industry

自贸区建设背景下海南提升服务贸易国际竞争力的路径

杨 林 沈春蕾*

摘 要：加快发展服务贸易已成为当前中国建设贸易强国、实现经济高质量发展的重要抓手，而自贸区通过先行先试政策、高水平开放以及良好的营商环境为服务贸易发展带来新机遇。海南省虽然建立了自贸区，但服务贸易国际竞争力仍然较弱，原因在于政策制度不健全、产业基础薄弱、营商环境尚需优化、品牌企业少且辐射带动能力较弱、研发投入不足。鉴于此，创新负面清单管理制度，创新服务贸易便利化、自由化、法治化制度，创新服务贸易税收政策制度，优化服务贸易结构，促进服务贸易数字化转型，加快创新人才引育模式等是当前海南提升服务贸易国际竞争力的政策着力点。

关键词：自贸区 服务贸易 国际竞争力 国际经济 营商环境

---

* 杨林（1969～），女，山东大学自贸区研究院研究员，山东大学商学院教授，主要研究领域为公共经济与公共管理、海洋经济与管理、国际贸易；沈春蕾（1997～），女，山东大学商学院2019级研究生，主要研究领域为公共经济与政策、海洋经济与管理、国际贸易。

一 引言

当前，全球已进入服务经济时代，发展服务贸易成为拓展经济发展空间，推动经济实现质量变革、动力变革的政策着力点。2018 年，中国服务贸易进出口总额达到 7918.8 亿美元，连续 5 年位居全球第二，增速高于同期 GDP 和货物贸易，服务贸易已经成为拉动中国经济增长的新动力。因此，加快发展服务贸易已成为中国经济高质量发展的重要抓手。而服务业发展水平、货物贸易规模、服务开放度等因素会影响服务贸易的发展①，政府治理能力和贸易便利程度方面的缺陷会降低服务贸易效率②。如何突破上述局限？自由贸易试验区（以下简称“自贸区”）代表了当今世界最高水平的开放形态。建设自贸区，可以扩大贸易规模、降低贸易成本、优化贸易结构③，特别是可以对旅游消费、国际会展业、旅游企业对外开放等产生溢出效应，有助于提升中国旅游服务贸易竞争力④。同时，自贸区建设在经济一体化方面具有贸易创造效应。⑤ 因此，可以从功能定位、发展模式创新、管理制度创新等方面促进自贸区服务贸易的发展。⑥

以服务业为代表的第三产业是当前海南省的主导产业。自贸区的推进赋予海南新的使命，但作为一种新的政策尝试，海南的自贸区建设虽然有一定优势，但也会面临较大挑战。自 2018 年成立自贸区以

① 殷凤、陈宪：《国际服务贸易影响因素与我国服务贸易国际竞争力研究》，《国际贸易问题》2009 年第 2 期。

② 张军、佃杰：《中国—欧盟服务贸易潜力研究》，《价格月刊》2018 年第 7 期。

③ K. Miyagiwa, “A Reconsidation of the Welfare Econmics of a Free-trade Zero, ”*Journal of International Economics* 21(1986):337 -350.

④ 何建民、丁烨：《中国（上海）自由贸易试验区机遇下的我国旅游服务贸易发展研究》，《现代管理科学》2015 年第 5 期。

⑤ A-Rom Kim, Jing Lu, “A Study on the Effects of FTA and Economic Integration on Through put of Korea and China, ”*Open Access Library Journal* 14(2016):1 -11.

⑥ 陈春慧：《“一带一路”下南沙自贸片区服务业发展策略研究》，《北方经贸》2018 年第 12 期。

来，海南积极开展一系列深化服务贸易创新发展的试点工作。如何在此背景下更好地发展海南服务贸易？在全球服务贸易快速增长的今天，要以创新发展服务贸易为主导，充分发挥自贸区的先行先试政策优势，而海南自贸区应实施品牌驱动战略，加快高端人才集聚；借鉴国际先进自由港经验，推动海南重点发展现代服务业和构建服务贸易综合体系，实现服务贸易全面自由化①；针对海南自贸区人才引进局限，促进人才与服务产业的对接，实现人才引进效用的最大化②；灵活制定符合自贸区建设的税收政策，创新税制设置，营造更具活力的税收营商环境③；以服务业市场全面开放、服务贸易创新发展为主导，依照国际管理标准破除服务贸易壁垒，实现投资自由化④。

综上，提高服务业发展水平和开放度、实现服务贸易自由化成为提高海南服务贸易国际竞争力的关键。本文结合自贸区建设背景下海南服务贸易发展现状，通过对比分析服务贸易国际竞争力，探寻海南创新发展服务贸易、提升国际竞争力的政策着力点。

二　自贸区建设对服务贸易国际竞争力的影响

自贸区建设作为推进更高水平对外开放的举措，是适应经济全球化形势、倒逼深层次体制改革、推动经济高质量发展的重大战略选择。

（一）先行先试政策能够为服务贸易国际竞争力的提升带来新的机遇

在服务业全球价值链分工的背景下，政府的严格管制不利于服

---

① 孟广文、杨开忠、朱福林、毛艳华、曾智华、董晓峰：《中国海南：从经济特区到综合复合型自由贸易港的嬗变》，《地理研究》2018 年第 12 期。

② 郑远强、郭君、朱丽军：《海南自贸区引才困境及广义人才引进机理研究》，《海南大学学报》（人文社会科学版）2019 年第 6 期。

③ 马雪净：《基于自贸区建设的税收政策研究——以海南为例》，《特区经济》2019 年第 12 期。

④ 中国（海南）改革发展研究院课题组、迟福林：《海南探索建设中国特色自由贸易港的初步设想》，《改革》2019 年第 4 期。

务贸易复杂度的提升。自贸区拥有更多的改革自主权，在拓展国际经济合作空间、培育国际服务贸易新优势等方面带来可能与契机。政府通过政策激励、税收减免、资源优化配置等一系列先行先试政策引导服务贸易发展，培育服务贸易新业态，创新服务贸易发展模式；并吸引各种人才和技术进入服务贸易领域，促进全要素生产率的提高；通过政策规划加大对科技研发的投入力度，加强与高校的研究合作与联系，提高劳动密集型服务商品的技术含量和产品附加值；利用政策试点引导提升传统服务贸易效益，不断挖掘新兴行业的潜力，培育服务贸易市场主体，促进服务贸易结构的优化升级。

（二）高水平开放拓展服务贸易发展空间

服务业是自贸区深化开放的重点领域。自贸区通过制度对接、产业协同和经验共享，放宽服务业市场准入条件，营造良好的服务业开放氛围，扩大服务业双向开放范围，维护公平的国内外服务市场交换环境，推动服务出口水平升级；通过高水平的开放，增加外国资本对服务业尤其是知识密集型服务业的吸引力；充分利用自贸区优势，鼓励本土服务业企业“走出去”，形成服务贸易品牌。更多服务领域的高水平开放，可以为服务贸易发展涵养持续的内生动力。

（三）国际化、法治化、便利化的营商环境为服务贸易发展营造良好业界生态

营商环境实际上是企业在市场准入、生产经营、贸易活动、纳税、执行合约及退出过程中所处政治、经济、社会、法律等经营环境的总和。优化营商环境，充分激发市场活力，是发展服务贸易的前提和重要内容。自贸区在市场准入、项目审批、知识产权保护、外商投资、企业监管、政策优惠等方面重点围绕商事制度进行改革创新，为服务贸易发展营造国际化、法治化、便利化的营商环境，降低自贸区内各经济主体的运营成本，有助于全要素生产率提高和产业结构优化，从而提升服务贸易国际竞争力。

三　自贸区建设背景下海南省服务贸易发展现状分析

（一）海南服务业发展现状

以服务业为代表的第三产业凭借其高增加值、低成本的特性成为国民经济中增长最快的部门，国际贸易的结构也伴随着服务业的迅速发展产生变化。随着海南社会和经济的发展，海南各产业产值逐年增加，第三产业已成为海南省的主导产业。2018 年，海南省第三产业的比重达到 56.63%，比同期全国平均水平高出 4.40 个百分点。[①]。2018 年，《中共中央　国务院关于支持海南全面深化改革开放的指导意见》印发，要求海南重点发展旅游、互联网、医疗健康、金融、会展等现代服务业，形成以服务型经济为主的产业结构。2010～2018 年，海南主要服务业年平均增长率为 13.52%，由图 1 可知，其中，金融保险业年平均增长率最高。

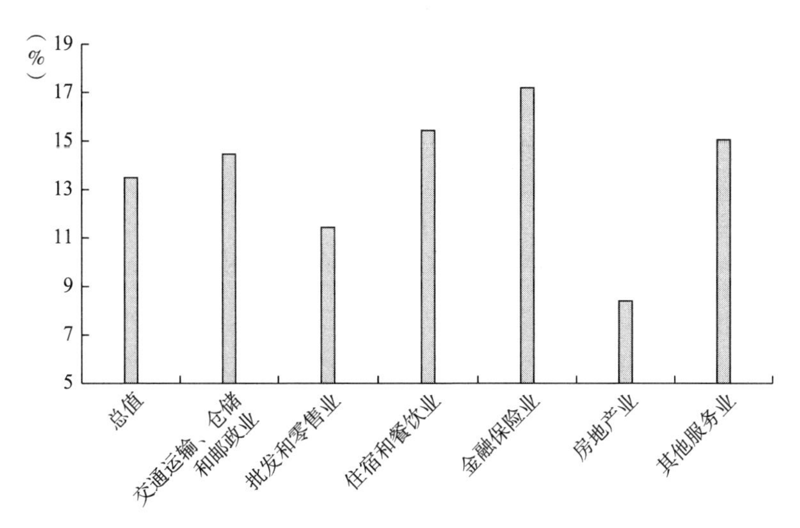

图 1　2010～2018 年海南省主要服务业年平均增长率

资料来源：由《海南统计年鉴》、2018 年 12 月海南统计月报整理得出。

---

① 由《2018 年海南省国民经济和社会发展统计公报》《中华人民共和国 2018 年国民经济和社会发展统计公报》整理得出。

随着自贸区建设的推进，海南将成为中国服务业发展的新高地，对于未来提升海南服务业的国际竞争力，以及促进海南服务贸易发展都具有重要的支撑和推动作用。

（二）海南服务贸易发展现状

1. 海南服务贸易发展的经济环境

良好的经济环境可以满足地区对服务的需求，从而促进服务业发展，为服务贸易夯实产业基础。扩大服务内需可以提升服务贸易效益，提高服务贸易科技含量，扩大服务贸易规模。对服务的需求分为生产性服务需求和消费性服务需求：生产性服务需求由国家或地区经济发展的规模决定，代表指数是生产总值；国家或地区的消费性服务需求可以人均消费水平和恩格尔系数为代表。

海南省2018年生产总值为4832.05亿元。在2009～2018年的10年间，海南省生产总值保持稳定的增长态势（见图2），10年间生产总值年均增长率为12.7%。在生产总值快速增长的经济形势下，海南省的生产性服务需求可以拉动服务贸易的迅速增长。海南省2018年人均生产总值为51955元，虽然低于中国平均水准，但也呈逐年增长的趋势。恩格尔系数为37.4%，比2017年下降1.2个百

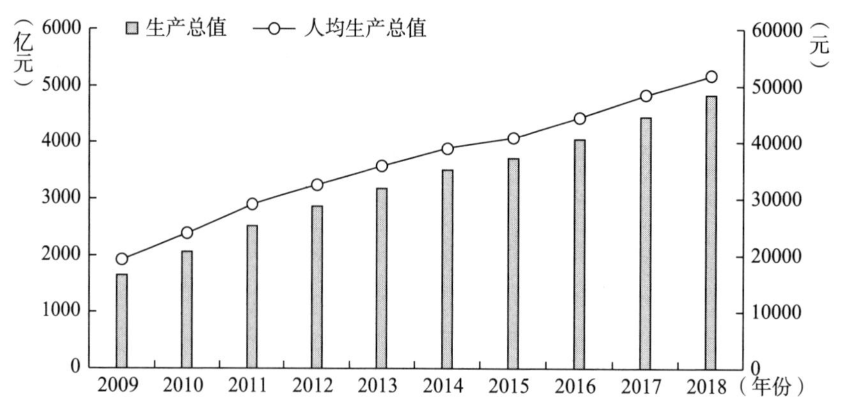

图2　2009～2018年海南省生产总值和人均生产总值

资料来源：《海南统计年鉴》、海南省人民政府官网。

分点，标志着居民生活水平不断提升。2019 年海南全省生产总值为 5308.94 亿元，按可比价格计算，比 2018 年增长 5.8%。[①] 随着人们收入的增加和消费水平的提高，消费结构改善，旅游、金融保险等服务业的消费性需求增加，进而提升海南省服务贸易的发展优势。

2. 海南服务贸易发展规模

自 2018 年自贸区成立以来，海南省积极开展一系列关于完善管理体制、创新发展模式、提升便利化水平等深化服务贸易创新发展的试点工作。2018 年，海南省服务进出口总额为 187.59 亿元，同比增长 16.84%（见表 1）。其中，旅游、运输、其他商业服务、知识产权使用、加工服务五个行业进出口占比达到 95.10%。在全国服务贸易"大逆差"的背景下，2019 年，海南省服务贸易进出口 219.65 亿元，同比增长 20.30%，其中，服务进口 106.56 亿元，出口 113.09 亿元，实现顺差 6.53 亿元。[②]

2019 年，海南已全部完成依托互联网开展跨境远程医疗、探索知识产权证券化等 107 项服务贸易试点工作，总结出博鳌超级医院共享模式等 15 个海南服务贸易创新发展典型案例，服务贸易创新发展成效明显。

3. 海南服务贸易发展结构

首先，海南旅游、运输等传统服务贸易优势显著。海南岛既是海防前哨，又拥有多条国际航线，是中国的战略和交通要道。热带气候使海南拥有丰富的海洋旅游资源和生物资源，开发潜力巨大，极大地吸引国内外游客消费和企业投资。旅行服务作为 2018 年海南省服务贸易进出口中占比最高的行业，占全省服务

---

① 《2019 年海南省国民经济和社会发展统计公报》，http://www.hainan.gov.cn/hainan/ndsj/202003/a03a4d8c72184b6b867bea6e70aa25b3.shtml，最后访问日期：2020 年 10 月 21 日。

② 《2019 年海南省国民经济和社会发展统计公报》，http://www.hainan.gov.cn/hainan/ndsj/202003/a03a4d8c72184b6b867bea6e70aa25b3.shtml，最后访问日期：2020 年 10 月 21 日。

进出口的42.23%，全年入境过夜游客人次比上年增长12.9%。海南通过不断完善入境游政策和过境免签政策，依靠便捷的国际航线网络，推出独具特色的旅游文化产品，吸引着越来越多的海外游客，游客的增加又反过来刺激海南旅行服务企业不断提升产品与服务质量，形成品牌优势。在运输方面，航空运输作为海南运输服务的主要增长点，2018年底开通洋浦至东盟航线，至2019年6月底，输出外贸货物已达1.56万标准集装箱，同比提升2.56倍。由此可见，海南旅游和运输服务贸易具有显著的发展优势。

其次，新兴服务贸易持续发展。知识产权使用、商业服务、计算机和信息服务是海南新兴服务贸易的主要产业。在海南阿里巴巴影业投资管理有限公司等企业的贸易投资拉动下，海南知识产权服务行业超常规发展，2018年进出口同比增长798.91%，2019年上半年出口同比增长1284.00%（见表1）。随着互联网经济的普及，跨境电商成为海南服务贸易发展的新机遇，也带动第三方支付服务平台、物流运输服务平台的发展。自贸试验区设立以来，海南成为软件和信息技术服务业增速最快的省份，新注册互联网企业5200多家，在大数据、人工智能、卫星导航等领域引进44家企业。软件和信息技术服务业已逐渐成为海南服务贸易的代表产业。

表1　2018年和2019年上半年海南省服务贸易进出口额

服务贸易进出口额	行业	2018年		2019年上半年	
		金额（亿元）	同比增长（%）	金额（亿元）	同比增长（%）
进口额	旅游服务	26.18	-6.94	10.26	—
	运输服务	26.08	63.16	—	—
	知识产权使用	17.40	910.59	11.61	—
	其他	29.96	—	24.13	—
	总额	99.62	19.22	46.00	—

续表

服务贸易进出口额	行业	2018年		2019年上半年	
		金额（亿元）	同比增长（%）	金额（亿元）	同比增长（%）
出口额	旅游服务	53.04	18.81	28.75	30.05
	运输服务	20.10	15.94	—	—
	知识产权使用	0.40	54.20	3.19	1284.00
	其他	14.43	—	19.56	—
	总额	87.97	14.25	51.50	34.00
进出口额	旅游服务	79.22	8.85	39.01	8.74
	运输服务	46.17	38.59	27.51	37.18
	知识产权使用	17.80	798.91	14.81	49.11
	其他	44.40	—	16.17	—
	总额	187.59	16.84	97.50	8.50

资料来源：由海南省人民政府官网、海南省统计局网站整理得出。

总之，当前海南服务贸易结构虽然仍以传统服务为主，但以技术、质量为核心的新兴服务发展较快，重点领域运行情况总体良好，各行业发展潜力较大。

四　海南服务贸易国际竞争力的测度与薄弱原因

（一）海南服务贸易国际竞争力的测度

1. 指标选取与数据来源

一般用服务贸易开放度指数、国际市场占有率、贸易竞争优势指数、显示性比较优势指数判断服务贸易的国际竞争力。

（1）服务贸易开放度指数：STO

服务贸易开放度指数即服务贸易额占总贸易额的比例，反映的是对外贸易对经济总量的影响和贡献，常用来衡量某一国家或地区服务贸易的开放程度。其计算公式为：

$$\mathrm{STO}=\frac{y}{Y}$$

其中，y 表示某一国家或地区的服务贸易额，Y 表示某一国家或地区的生产总值。STO 指数越大，表示服务贸易开放度越高。

（2）国际市场占有率：IMS

国际市场占有率表示某一国家或地区商品（服务）出口贸易额占世界商品（服务）出口贸易总额的比重，是该商品（服务）国际竞争力最直接的体现。IMS 的计算公式为：

$$\mathrm{IMS} = \frac{X_{ij}}{X_{wj}} \times 100\%$$

其中，X_{ij}表示某一国家或地区某类商品（服务）的出口额，X_{wj}表示全球该类商品（服务）的出口额。IMS 提高代表服务贸易出口竞争力增强。

（3）贸易竞争优势指数：TC

贸易竞争优势指数又称为贸易专业化指数，表示某一国家或地区出口贸易和进口贸易的差额占进出口贸易总额的比重。其计算公式为：

$$\mathrm{TC} = \frac{X_{ij} - M_{ij}}{X_{ij} + M_{ij}}$$

其中，X_{ij}为某一国家或地区商品（服务）的出口额，M_{ij}为某一国家或地区商品（服务）的进口额。TC 的取值范围为［－1，1］。TC＝0，表明该产业的国际竞争力趋于国际平均水平，且 TC 值越接近 1，则该产业的国际竞争力越强。

（4）显示性比较优势指数：RCA

显示性比较优势指数指某一国家或地区某种商品（服务）出口额占其出口总值的份额与世界出口总额中该类商品（服务）出口额所占份额的比率，代表该类商品（服务）在国际竞争中的比较优势。其计算公式为：

$$\mathrm{RCA} = \frac{\frac{X_{ij}}{Y_i}}{\frac{X_{wj}}{Y_w}}$$

其中，X_{ij}表示某一国家或地区某类商品（服务）的出口额，Y_i表示某一国家或地区全部商品和服务的出口总额，X_{wj}表示全球该类商品（服务）的出口额，Y_w 表示全球全部商品和服务的出口总额。RCA 指数值越大，表示该国家或地区该类商品（服务）在国际竞争中的优势越大。

2. 指标测算和结果分析

基于数据的可得性，选取 2017 年、2018 年上海自贸区和全国的相关指标与海南自贸区的相关指标进行对比分析，评价海南服务贸易的国际竞争力。测算结果如表 2 所示。

表 2　2017 年、2018 年海南、上海、全国 STO、IMS、TC、RCA 指标

指标	年份	海南	上海	全国
STO	2017	0.0359	0.431	0.0568
	2018	0.0388	—	0.0582
IMS	2017	0.0216%	0.993%	4.29%
	2018	0.0227%	—	4.56%
TC	2017	-0.0411	-0.464	-0.344
	2018	-0.0621	—	-0.326
RCA	2017	0.856	0.952	0.337
	2018	0.984	—	0.358

资料来源：由《中国贸易外经统计年鉴》、商务厅官网、《海南统计年鉴》、《海南统计月报》、《上海统计年鉴》、《上海服务贸易发展报告》等整理得出。

从表 2 可以发现，海南服务贸易表现出较大的发展潜力。（1）海南服务贸易有一定的竞争优势。从贸易竞争优势指数来看，虽然海南、上海和全国平均水平的 TC 值全部为负，处于竞争劣势，存在服务贸易逆差，但从数值来看，海南省服务贸易逆差额低于全国平均水平，且不断减小，这应该主要得益于海南自贸区建设的成效正在显现。海南省商务厅相关数据也显示，2019 年海南服务贸易进出口顺差达 6.53 亿元，TC 指数为 0.0297，由负转正，表明海南服务贸易竞争优势有所提升，但仍处于微弱竞争优势状态。（2）海南服务贸易显示性比较优势突出。从 RCA 来看，海南省服务贸易在国际竞争中具有较强的比较优势，2017 年是全国平均水平的 2.5 倍左右，2018 年是 2.7 倍左右，与上海服务贸易国际竞争力差距也较小，出口优势明显，且有较为明显的增长，这主要得益于旅行、运输、知识产权使用等服务的发展。

但同时也发现，海南服务贸易国际竞争力仍处于较低水平：（1）海南服务贸易开放度尚需进一步提高。表 2 的数据显示，海南省的服务贸易开放度不只低于全国平均水平，更大大低于上海，仅为上海服务贸易开放度的 8.33%，这一方面说明海南自贸区建设的辐射带动效应尚未表现出来，另一方面也不符合海南省自贸区的发展定位和战略要求。（2）海南服务贸易出口竞争力相对较低。IMS 测算结果表明，海南与上海服务贸易市场占有率相比存在显著差距，服务贸易在全球市场中缺少竞争力，特别是文化密集型、资本密集型等拥有高附加值的服务贸易发展相对滞后，如金融、保险、教育等服务产业，依旧处于起始阶段。

（二）海南服务贸易国际竞争力薄弱的成因

结合海南服务贸易发展现状，我们发现与上海自贸区相比，影响海南自贸区发展服务贸易的因素主要包括以下几方面。

1. 政策制度不健全

上海市最早成立自贸区，早在 2018 年就针对跨境交付、境外消费和自然人流动三种模式，推出中国第一张服务贸易领域的负面清单，标志着自贸区跨境服务贸易负面清单管理模式的建立。海南自贸区作为创新层次的自贸试验区，成立时间晚，国家层面上给予的政策红利不够丰富，相应制度尚未健全，政策精细化和操作实用化程度不足。

2. 产业基础相对薄弱

近年来，虽然海南省的服务业有了较快发展，但其产值占 GDP 的比重远低于上海等发达地区，甚至不足全国平均水平。海南服务业行业间发展不平衡，2018 年，在第三产业增加值中占比最高的行业是批发和零售业，金融、计算机信息服务等技术和知识密集型高附加值的现代新兴服务业发展程度远逊于上海。同时，海南服务业发展区域差异明显，海南省东部地区地理条件优越，资源较为富足，尤其是第三产业发展情况良好，外贸进出口水平高，经济发达，而西线和中线的城市，在经济总量、第三产业生产值、贸易进出口额以及社会发展水平上皆与东部的城市呈现出巨大的差异。

3. 营商环境尚需优化

国际化和法治化是自贸区建立的基本理念，便利化是国际贸易和投资的前提条件。根据《2018 中国城市营商环境报告》，对比全国 35 个大中城市的营商环境的量化评价发现，上海营商环境指数为 0. 524，已形成投资便利、贸易便利、金融市场化、行政法治化的营商环境，为服务贸易发展营造了良好环境，而海口营商环境指数仅为 0. 297。因此，海南营商环境还存在一些问题，主要表现为服务业国际化水平低、投资便利化程度低、法治化建设整体落后、相关税收政策制约等。

4. 品牌企业少且辐射带动能力较弱

上海以树立“上海服务”品牌为导向，实施服务贸易潜力企业培育计划，培育 200 家“高端化、国际化、品牌化”的服务贸易品牌企业，取得显著成效。而海南大多数领域的服务贸易以中小企业为主，很难获取金融机构的资金支持，实力较弱，缺少对整个行业发挥示范作用的具有国际竞争力的龙头企业。

5. 研发投入不足影响服务贸易结构优化

近年来，数字技术的应用和发展提高了服务的可贸易性，成为推动全球服务贸易增长的新动能，而这是建立在持续研发投入的基础上的。先进技术可以有效提高生产效率，节省研发费用和时间，并在同行业间建立生产优势，抢先占领市场。比较 2018 年上海市与海南省研究与试验发展（R&D）经费，发现海南 R&D 经费仅为上海 R&D 经费的 2%，海南存在技术知识储备不足、研发设备欠缺、财政投入力度不足等问题。没有发达的高新技术支撑，服务贸易发展仍以旅游、运输等传统服务贸易为主，知识密集型新兴服务贸易发展相对滞后，将影响海南服务贸易结构的进一步优化。

6. 人才引育不足

人力资本可以提高一个国家或地区的研发能力，实现服务产品质量的进一步优化，从而起到扩大服务贸易进出口的规模、提升其附加值的作用。截至2019年6月，上海市共有39所本科院校，实施“浦江人才计划”“千百十”行动等各类引才引智政策，扶持一批服务贸易人才培训基地，高度重视核心人才、高技能人才的培养和引进。海南仅有包括7所本科院校在内的21所高校，教学科目和专业较单一，而新型服务贸易有跨领域、跨行业的特点，更需要掌握不同专业知识技能的复合型人才，这也是海南高校当前服务贸易人才培养的薄弱点。在2013~2017年各省（区、市）六类高层次人才数量统计中，海南在全国排名倒数第四。《中国区域国际人才竞争力报告（2017）》显示，上海国际人才竞争力指数为3.91，是中国国际人才竞争力指数最高的区域，而海南国际人才竞争力指数仅为1.40，远低于上海。人才匮乏与流失的主要原因在于：海南人才引进偏好为“学历论、资历论”的传统狭义人才理念；人才引进政策主要为补贴、住房、落户等传统措施，会因其较落后的实际经济情况而出现“马太效应”；“重引进轻培养”的模式加剧人才流失风险。

五　自贸区建设视阈下海南提升服务贸易国际竞争力的对策

（一）创新负面清单管理制度，以服务贸易高水平开放促进高质量发展

作为国际投资规则发展的新趋势，负面清单管理模式能够极大地提高市场透明度，实现更深程度的经济一体化，为海南服务贸易的开放和发展带来新的机遇。海南应参考中国香港、新加坡等自贸区的负面清单管理模式，提高负面清单的可操作性、透明度和可预期性，打破服务业领域的行政垄断和市场垄断，大幅收缩政府审批

范围与权限，在外资设立、融资便利、并购、财政补贴和扶持、项目审批和规则豁免等方面遵循“准入前国民待遇 + 极简负面清单 + 准入后国民待遇”的外商投资管理制度。但在不断放开限制和禁止项目的同时，也要注意经济开放与经济安全的平衡，将影响国家安全和公共利益、关系国民经济命脉以及生态环境的投资项目列入禁止或限制类清单，降低投资自由化对经济、社会安全的负面影响，并根据相关法律法规和自贸区发展的实际要求适当调整负面清单的内容。

（二）创新服务贸易便利化、自由化、法治化制度，形成公共服务方面的国际竞争优势

一是对标国际，加强国际贸易单一窗口建设，营造更加便利的国际通关、物流与设施联通等制度环境。针对海南特色，在主要空港、海港实现单一窗口合作机制，构建“综合审批、集约高效、部门协同、一口受理、限时运作”的口岸管理新格局，使海南的通关效率达到全国领先水平。二是创新服务贸易监管模式，契合服务贸易便利化需求。海南可凭借独立岛屿的地理优势，加快设立海关特殊监管区，赋予其类似于香港、澳门单独关税区的海关监管职能，实行分线、分类管理，按照“境内关外”的通行规则，大幅提高投资贸易通关速度，实现海南与内地和境外市场自由便利的要素流动。三是进一步深化商事制度改革，全面推行极简审批制度，构建更加开放、透明、可预期的市场准入管理模式，营造更加便利的营商环境。

（三）创新服务贸易税收政策制度，培育技术创新方面的国际竞争优势

利用建设自贸区（港）的契机，以“简税制、低税率、零关税”为原则建立具有提升国际竞争力功能的特殊税收制度，加快建立以直接税为主体的简税制，着力发挥税收政策的杠杆作用，既针对不同服务贸易产业制定指向精确的税收政策，又理顺服务贸易发

展中的共性问题。一是精准制定税收优惠政策，吸引高附加值企业落户，政策内容从服务型企业市场准入前管理延伸到准入后管理；二是深化服务贸易改革税收制度，完善面向出口型服务企业的所得税政策，对出口服务实行零税率，特别是增强旅游业、现代服务业、高新技术产业的国际竞争力，同时遵循相关规定对进口服务征收增值税，通过合理的税收政策维护税收权益；三是降低企业所得税和个人所得税税率，特别是对创新性、示范性重点企业给予特定的税收优惠，并提高海南在共享税收入中的分成比例。

（四）优化服务贸易结构，形成品牌方面的国际竞争优势

一是促进传统服务贸易产业转型升级。旅行、运输在海南服务进出口排前两位。在旅游服务贸易转型升级方面，海南要加强对旅游行业基础设施的建设，提高城市化水平；定期推出新的服务产品，实现产品创新，打造品牌，促使海南成为富有文化特色的生态旅游地；充分利用自贸区的战略优势，鼓励外商投资创办旅游企业，为旅游行业注入竞争动力和活力，提升海南国际旅游岛的国际化水平；与国际旅游企业联合推行入境旅游签证一条龙服务，简化旅游行政审批手续；通过提供国际化产品和符合国际标准的服务，建设具有世界影响力的国际旅游消费中心，从而实现海南服务产业发展的重大突破。在运输服务贸易转型升级方面，海南可以利用信息化的发展趋势对交通运输、物流商贸等行业进行改造，完善港口货物集疏运体系，加快发展船舶、飞机融资租赁等高端运输服务业和现代物流服务贸易，提高其技术水平和运营效率。①

二是促进发展技术、资本与知识密集型等高水平、高附加值的服务贸易的集聚化。海南在规模化发展以信息通信技术为载体的新兴服务业的同时，加大对金融、保险服务等新兴服务业的扶持力度，加强国际金融合作，增强金融、信息咨询等新兴服务业的综合

---

① 费娇艳：《中国服务贸易国际竞争优势比较研究》，《国际经济合作》2018 年第 5 期。

竞争力，提高服务业的技术层次，不断促进海南自贸区服务贸易结构优化升级。通过积极培育新型业态和功能，形成以品牌、技术、质量为核心的服务贸易国际竞争新优势。

（五）促进服务贸易数字化转型，形成数字贸易方面的国际竞争优势

在信息化的环境下，以“互联网＋”创新服务贸易发展模式，推动大数据、物联网、移动互联网、云计算等新兴技术与服务业实现有机融合。海南应抓住数字经济大发展的机遇，从战略上高度重视数字贸易发展，利用数字贸易更好地促进服务业和服务贸易发展：制定数字贸易方面专门的宏观产业政策，明确数字贸易的支持领域和发展方向；加快数字基础设施建设，实现海南信息网络的提速升级；提高数字技术应用在服务贸易智能化提升、贸易个性化服务、电子商务等领域的广度和深度，实现标准国际化对接；设立高新技术发展基金，为电商企业提供资金支持；建立与跨境电子商务相适应的海关检疫、跨境支付、物流等支撑系统；明确数字贸易分类体系，完善标准化数字贸易统计制度；创新数字技术人才培养模式和机制，为数字贸易的发展提供持续性的人才资源；在扩大开放的同时注重政策协调推进，实现“一线放开，二线管住”；在贸易促进的同时综合考虑国家安全、产业安全和个人安全，完善数字服务贸易监管机制。

（六）加快创新人才引育模式，形成人力资源方面的国际竞争优势

人才是决定服务贸易高质量发展与结构升级的关键因素。在人才引进方面，海南应进一步推进“百万人才进海南”计划，努力为自贸区服务业发展储备高端人才，以推进研发、设计等知识密集型服务业发展；借助自贸区建设的政策红利，提供人才在医疗、生育、住房等方面的配套服务，为企业和个人发展提供良好的外部环境，提升软硬件服务保障水平，实现人才流动的“虹吸效应”；通

过聘请“周末专家”、进行“项目借调”等柔性化人才引进策略，提高人才引进的灵活性。在人才培育方面，深化人才体制改革，创新人才培训机制；鼓励国内外高校在海南办学或进行教育合作，培育创新型人才，并根据人才需求类型进行分类培养；借鉴德国双元制教育体系，将学校传统教育和在职培训相结合，满足社会对服务业人才的需求①；建立包括专业课程学习、研究性实践、生产性实践在内的“三足鼎立”式服务贸易人才培养模式。

Paths for Hainan to Enhance the International Competitiveness of Service Trade under the Background of the Construction of the Free Trade Zone

Yang Lin[1,2], *Shen Chunlei*[1,2]

(1. School of Business, Shandong University, Weihai, Shandong, 264200, P. R. China; 2. Institute of Free Trade Zone of Shandong University, Shandong University, Weihai, Shandong, 264200, P. R. China)

Abstract: Accelerating the development of service trade has become an important sticking point for China to build a great trading nation and achieve high-quality economic development. The free trade zone can bring new opportunities for the development of service trade through progressive policies, high-level openness and favorable business environment. Despite the establishment of the free trade zone, Hainan's international competitiveness in service trade is relatively weak. The reasons for the service trade

① 雷正光：《德国双元制模式的三个层面及其可借鉴的若干经验》，《外国教育资料》2000年第1期。

problem in Hainan are poor policy system, weak industrial foundation, terrible business environment, lack of brand advantage and insufficient R&D investment. In view of this, the policy focus of Hainan's service trade to enhance international competitiveness includes innovating negative list management system, innovating the system of facilitation, liberalization and legalization in services trade, innovating tax policy system, optimizing the structure of service trade, promoting the digital transformation of services trade and accelerating the mode of introducing innovative talents.

Keywords: the Free Trade Zone; Service Trade; International Competitiveness; International Economy; Business Environment

（责任编辑：孙吉亭）

山东省发展海洋健康产业的条件、挑战与对策

董争辉*

摘　要　海洋资源可为消费者提供充足的海洋食物、海洋药物、休闲空间等。山东省发展海洋健康产业的基础条件：一是拥有丰富的海洋资源与较好的海洋环境，二是拥有较好的社会经济条件，三是拥有较好的健康保障体系，四是拥有较全面的健康产业发展规划。面临的挑战：一是海洋资源特色有待加强，二是产业竞争力有待提升，三是人才队伍结构有待优化。发展的对策：一是搜集、整理海洋资源，二是做大海洋医药和保健品产业，三是做好海洋养生旅游业，四是形成大健康闭环产业链，五是落实健康产业发展规划，六是培养健康产业人才，七是创新中医药康养模式，八是做好海洋健康养生宣传工作。

关键词　海洋健康产业　健康服务　休闲娱乐　医养结合　人均预期寿命

2019 年 6 月 24 日，中共中央、国务院发布《“健康中国 2030”

* 董争辉（1963～），女，青岛阜外心血管病医院副主任医师，主要研究领域为医学、健康学。

规划纲要》(以下简称《纲要》),提出了“健康中国”建设的目标和任务。《纲要》提出:到2022年,健康促进政策体系基本建立,全民健康素养水平稳步提高,健康生活方式加快推广,重大慢性病发病率上升趋势得到遏制,重点传染病、严重精神障碍、地方病、职业病得到有效防控,致残和死亡风险逐步降低,重点人群健康状况显著改善;到2030年,全民健康素养水平大幅提升,健康生活方式基本普及,居民主要健康影响因素得到有效控制,重大慢性病导致的过早死亡率明显降低,人均健康预期寿命得到较大延长,居民主要健康指标水平进入高收入国家行列,健康公平基本实现。[①] 这也促使中国人民开始正视自己的健康问题。

我国已经成为世界第二大经济体,人民生活水平不断提高,现代生活的理念开始被广大人民群众所接受。追求现代健康时尚的生活方式,必然带动健康产业的日益发展。反之,健康产业的飞速发展又会推动广大人民群众更加注重健康养生。健康产业“是与健康存在内在联系的制造与服务产业总称”[②],其被视为继IT产业之后的未来“第五波财富”。比尔·盖茨认为健康产业是“未来能超越信息产业的重点产业”。[③]

2018年3月8日,习近平总书记参加十三届全国人大 次会议山东代表团审议时强调:“海洋是高质量发展战略要地。”[④] 人口剧增,陆地资源的消耗日益严重,因此海洋成为资源、食物以及生存

① 《“健康中国”:2030年居民健康指标进入高收入国家行列》,http://baijiahao.baidu.com/s? id = 1639118513465845013&wfr = spider&for = pc,最后访问日期:2019年7月7日。

② 董立晓:《威海市文登区健康产业发展战略研究》,硕士学位论文,山东财经大学,2015,第5页。

③ 戎良:《海洋健康产业:舟山需做大做强的优势产业》,《浙江经济》2014年第15期。

④ 《牢记总书记嘱托 开创现代化强省建设新局面——习近平总书记参加山东代表团审议时的重要讲话在齐鲁大地引起热烈反响》,http://cpc.people.com.cn/n1/2018/0310/c64387-29859849.html,最后访问日期:2019年7月7日。

空间的重要来源，而且“它对人类需求的供应是持续不断且多样化的”。[①] 海洋也是现代产业体系建立的重要基础，催生了海洋健康产业。海洋健康产业是海洋新兴产业，具有现代海洋产业的特征，通过高效利用海洋资源，为广大消费者提供生物医药、医疗保健、康复疗养、健康管理等一系列产业产品与服务。山东是中国经济强省，并且拥有储量巨大的海洋资源，可为消费者提供充足的海洋食物、海洋药物、休闲空间等。因此，认真分析健康产业发展的条件，提出有针对性的发展对策，以推动健康产业的可持续发展，既有利于完善山东省现代海洋产业体系，也有利于提升山东人民的生活质量，增加人民群众的身体抵抗力和免疫力。此外，针对防治新冠肺炎疫情，其也具有较好的现实意义。

一　山东省发展海洋健康产业的条件

（一）拥有丰富的海洋资源与较好的海洋环境

1. 海洋资源丰富

山东省位于中国东部沿海，黄河下游，三面环海，濒临渤海、黄海，与朝鲜半岛、日本列岛隔海相望。海岸线长度约占全国的1/6，拥有众多的海岛和海湾，有着广阔的滩涂，海洋资源丰富，特别是对虾、海参、扇贝、鲍鱼等海珍品驰名海内外，产量在全国领先（见表1）。

表1　山东省主要海洋生物资源

海洋生物资源		数量	说明
鱼类	栖息和洄游的鱼类	200多种	—
	有经济价值的鱼类	近百种	—
	主要经济鱼类	40多种	—

① 〔美〕段义孚：《恋地情结》，志丞、刘苏译，商务印书馆，2017，第172页。

续表

海洋生物资源	数量	说明
虾蟹类	上百种	其中，经济价值较高并有一定产量的有 20 多种
滩涂贝类	90 余种	其中，经济价值较高的有 20 余种
浅海海藻	112 种	其中，经济价值较高的约 50 种

资料来源：孙吉亭主编《山东海洋资源与产业开发研究》，山东人民出版社，2014。

海洋空间资源，如沙滩、港湾、海岛、海洋旅游场所，可以为健康产业的发展提供形式多样的、广阔的休闲养生平台，而海洋生物资源又可以为健康产业服务的对象提供海洋生鲜食品、海洋功能食品、海洋生物医药产品、海洋保健品等。

2. 海洋环境美好

优美的海洋环境是发展健康产业一个很重要的因素，蓝天、白云、阳光、沙滩，清洁、安宁，会令消费者流连忘返，安心康养。

2018 年，山东海水环境质量状况总体良好，海洋生物多样性和群落结构基本稳定，主要海洋功能区环境状况总体较好，绿潮最大覆盖面积较 2017 年同期大幅缩小，但近岸海域典型生态系统依然处于亚健康状态。①

沿海各地也是如此。例如，2019 年，青岛市近岸海域水质状况总体良好。胶州湾外黄海海域水质状况为优；胶州湾优良水质面积比例为 73.7%，同比升高 1.9 个百分点。李村河、墨水河和大沽河入海口附近海域水质较差，主要污染物为无机氮。② 2019 年，青岛市全面摸清了 782 千米海岸线的排污口情况，实施入海污染物总量控制，推进企业废水总氮达标治理，近岸海域水质保持优良，胶州

---

① 陈晓婉：《2018 年山东海水环境质量状况总体良好，绿潮大幅缩小》，http://sd.people.com.cn/n2/2019/0607/c166192 - 33018851.html，最后访问日期：2019 年 9 月 21 日。

② 《2018 年青岛市生态环境状况公报》，http://www.qingdao.gov.cn/n172/n24624151/n24628355/n24628369/n24628411/191209135401454313.html，最后访问日期：2019 年 9 月 18 日。

湾水质稳中向好。①

（二）拥有较好的社会经济条件

根据马斯洛的需求层次理论，人们的需求由低到高分成七个层次。其中，第一个也即最低的层次，是满足自身的生理需求和安全需求，可以依靠外部条件来满足。第二个层次包括社交、尊重、求知、审美和自我实现五个方面，这只能依靠内部因素来满足。② 因此，随着经济收入的增加，人们对于健康产业所提供的产品要求也越来越高。近年来，山东省居民人均可支配收入与人均消费支出都有较快增长。2019 年居民人均可支配收入 31597 元，比上年增长 8.2%；人均消费支出 20427 元，增长 8.8%。其中，如表 2 所示，城镇居民人均可支配收入 42329 元，增长 7.0%；人均消费支出 26731 元，增长 7.8%。农村居民人均可支配收入 17775 元，增长 9.1%；人均消费支出 12309 元，增长 9.2%。全省居民人均现住房建筑面积 39.9 平方米，其中，城镇居民、农村居民分别为 37.1 平方米和 43.5 平方米。③

表 2　2019 年山东省居民人均可支配收入及其增长速度和人均消费支出及其增长速度

指标	城镇居民		农村居民	
	绝对量（元）	比上年增长（%）	绝对量（元）	比上年增长（%）
人均可支配收入	42329	7.0	17775	9.1
工资性收入	26611	6.3	7165	9.4
经营净收入	6046	8.3	7799	8.4
财产净收入	3575	7.1	456	6.4

① 《青岛市生态环境局 2019 年工作报告》，http://mbee.qingdao.gov.cn/n28356059/n32562684/n32562687/191226145543057511.html，最后访问日期：2020 年 1 月 3 日。

② 林应龙：《海南健康旅游的市场研究》，硕士学位论文，海南热带海洋学院，2018，第 12 页。

③ 《2019 年山东省国民经济和社会发展统计公报》，http://district.ce.cn/newarea/roll/202003/05/t20200305_34410520_1.shtml，最后访问日期：2020 年 3 月 7 日。

续表

指标	城镇居民		农村居民	
	绝对量（元）	比上年增长（%）	绝对量（元）	比上年增长（%）
转移净收入	6097	9.1	2355	10.8
人均消费支出	26731	7.8	12309	9.2
食品烟酒	6965	6.7	3423	8.3
衣着	2042	1.7	671	7.9
居住	5883	11.0	2421	9.3
生活用品及服务	2083	9.6	838	10.0
交通通信	3762	4.4	1999	6.7
教育文化娱乐	3171	9.3	1429	12.9
医疗保健	2184	11.1	1343	11.5
其他用品和服务	640	9.6	184	11.0

资料来源：《2019 年山东省国民经济和社会发展统计公报》，http://district.ce.cn/newarea/roll/202003/05/t20200305_34410520_1.shtml，最后访问日期：2020 年 3 月 7 日。

（三）拥有较好的健康保障体系

山东省已基本形成了提供健康服务的综合治理体系，主要健康指标在全国名列前茅，也提前实现了联合国千年发展目标。[①] 2016 年山东省医疗保障能力见表 3。

表 3　2016 年山东省医疗保障能力

指标	指标值
各级各类医疗卫生机构（万所）	7.7
床位（万张）	54.3
卫生技术人员（万人）	64.3
千人口床位数（张）	5.45
千人口执业（助理）医师数（人）	2.46

① 《省委、省政府印发〈"健康山东 2030"规划纲要〉》，http://www.jining.gov.cn/art/2018/3/20/art_13655_682878.html，最后访问日期：2019 年 8 月 1 日。

续表

指标	指标值
千人口注册护士数（人）	2.70
人均预期寿命（岁）	78.5

资料来源：《省委、省政府印发〈“健康山东2030”规划纲要〉》，http://www.jining.gov.cn/art/2018/3/20/art_13655_682878.html，最后访问日期：2019年8月1日。

沿海地区也形成了较为完善的健康医疗保障体系。例如，青岛市的养老服务机构、养老床位、医养结合服务机构数量都位居全省前列①，东营市的每千常住人口拥有床位数和卫生技术人员数量均高于全省平均水平②，潍坊市潍城区2018年2月被确定为全省医养结合示范先行区，重点人群居民健康档案和家庭医生签约基本实现全覆盖③。青岛市、东营市、潍坊市潍城区医疗保障情况分别见表4、表5、表6。2018年，威海市医养健康产业规模以上企业达到367家，主营业务收入881.4亿元，实现增加值380.45亿元。④ 威海市养老机构实现医疗服务情况与中医药多业态融合发展情况见表7、表8。

表4 2017年青岛市医疗保障情况

指标	指标值
人均预期寿命（岁）	80.9
医疗卫生机构（个）	7927

① 《关于印发青岛市医养健康产业发展规划（2018—2022年）的通知》，http://www.qingdao.gov.cn/n172/n24624151/n24672217/n24673564/n24676498/181127092803062530.html，最后访问日期：2019年9月3日。

② 《东营市人民政府关于印发东营市医养健康产业发展规划（2018—2022年）的通知》，http://www.dongying.gov.cn/art/2018/12/29/art_88788_6186249.html，最后访问日期：2020年10月21日。

③ 《（有效）【正办字】潍城区人民政府办公室关于印发〈潍城区医养健康产业发展规划（2018—2022年）〉的通知》，http://xxgk.weicheng.gov.cn/QZFBGS/201912/t20191226_502478.htm，最后访问日期：2020年1月10日。

④ 《（重磅来袭）威海重点推进44个康养旅游产业项目》，https://www.sohu.com/a/319634337_760111，最后访问日期：2019年10月5日。

续表

指标	指标值
二级及以上医院（个）	114
三级医院（个）	19
基层医疗卫生机构（个）	7496
专业公共卫生机构（个）	73
床位（张）	55798
卫生技术人员（人）	76117
每千常住人口床位数（张）	6.01
每千常住人口执业（助理）医师数（人）	3.32
每千常住人口注册护士数（人）	3.66
65 岁及以上老人的健康管理率（%）	70 以上
养老服务机构（家）	239
养老床位（万张）	6.6
医养结合服务机构（家）	700 余

资料来源：《关于印发青岛市医养健康产业发展规划（2018—2022 年）的通知》，http://www.qingdao.gov.cn/n172/n24624151/n24672217/n24673564/n24676498/181127092803062530.html，最后访问日期：2019 年 9 月 3 日。

表 5　2017 年东营市医疗保障情况

指标	指标值
各类医院（个）	75
基层医疗卫生机构（个）	1531
专业公共卫生机构（个）	27
每千常住人口拥有床位数（张）	5.99
每千常住人口拥有卫生技术人员数（人）	7.77
养老服务设施（处）	307
养老床位（张）	14206
每千名老人拥有养老床位（张）	34

资料来源：《东营市人民政府关于印发东营市医养健康产业发展规划（2018—2022 年）的通知》，http://www.dongying.gov.cn/art/2018/12/29/art_88788_6186249.html，最后访问日期：2020 年 10 月 21 日。

表6　潍坊市潍城区医疗保障情况

指标	指标值
医疗卫生机构（所）	394
床位（张）	3714
卫生技术人员（人）	3303
执业（助理）医师数（人）	1465
注册护士数（人）	1838
千人口床位数（张）	10.4
千人口执业（助理）医师数（人）	4.1
千人口注册护士数（人）	5.1
医养结合服务机构（家）	10
医养结合床位（张）	2325
建立电子居民健康档案（万份）	35.3
家庭医生签约人口数（万人）	约19.1

资料来源：《（有效）【正办字】潍城区人民政府办公室关于印发〈潍城区医养健康产业发展规划（2018—2022年）〉的通知》，http://xxgk.weicheng.gov.cn/QZFBGS/201912/t20191226_502478.htm，最后访问日期：2020年1月10日。

注：数据截至2019年6月。

表7　威海市养老机构实现医疗服务情况

指标	指标值
医养结合服务机构（处）	150
护理型床位占比（%）	30以上
省级医养结合示范单位（处）	5
市级医养结合示范单位（处）	10

资料来源：《（重磅来袭）威海重点推进44个康养旅游产业项目》，https://www.sohu.com/a/319634337_760111，最后访问日期：2019年10月5日。

注：数据截至2019年6月。

表8　威海市中医药多业态融合发展情况

指标	指标值
中医区域外医联体（个）	12
中医区域内医联体（个）	116
省市级中医药健康旅游示范基地（家）	21
温泉暖冬保健之旅等4大类中医药健康旅游线路（条）	接近20

资料来源：《（重磅来袭）威海重点推进44个康养旅游产业项目》，https://www.sohu.com/a/319634337_760111，最后访问日期：2019年10月5日。

注：数据截至2019年6月。

（四）有较全面的健康产业发展规划

1. 山东省制定了《“健康山东2030”规划纲要》

为贯彻落实“健康中国”的宏伟战略，加快推进“健康山东”建设，切实提高人民健康水平，山东省委、省政府制定并实施《“健康山东 2030”规划纲要》，分别提出了 2020 年、2030 年的战略目标（见图 1）。

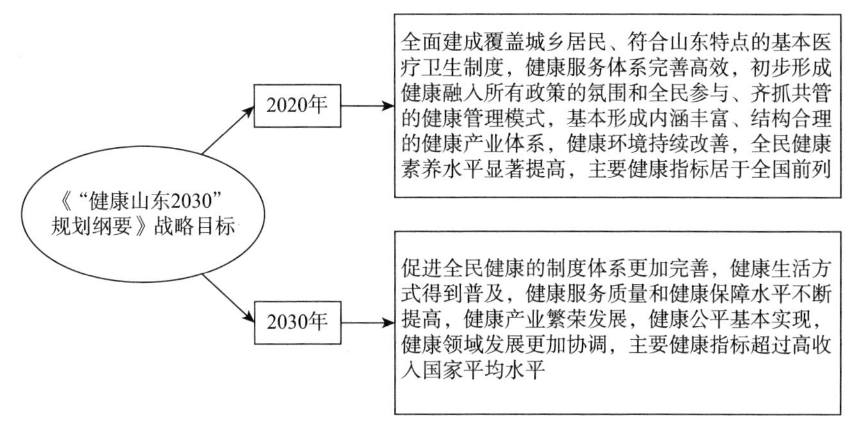

图 1　《“健康山东 2030” 规划纲要》战略目标

资料来源：《省委、省政府印发〈“健康山东 2030”规划纲要〉》，http://www.jining gov.cn/art/2018/3/20/art_13655_682878.html，最后访问日期：2019 年 8 月 1 日。

同时，《“健康山东 2030” 规划纲要》从健康水平、健康行为、健康环境、健康服务、健康保障、健康产业和健康治理七个方面提出了 2030 年要实现的具体的目标（见图 2）。

2. 山东沿海各地推出了健康产业发展规划

山东沿海地市纷纷制定医养健康产业发展规划，围绕着产业发展的总体思路、指导思想、基本原则、发展目标、区域布局、重点领域、主要任务、保障措施等内容进行规划。规划期一般到 2022 年，并展望到 2030 年。沿海县区市也纷纷根据自身实际情况制定自己的健康产业发展规划。例如，潍坊的寿光市、潍城区分别出台了《寿光市医养健康产业发展规划（2018—2022 年）》和《潍城区医

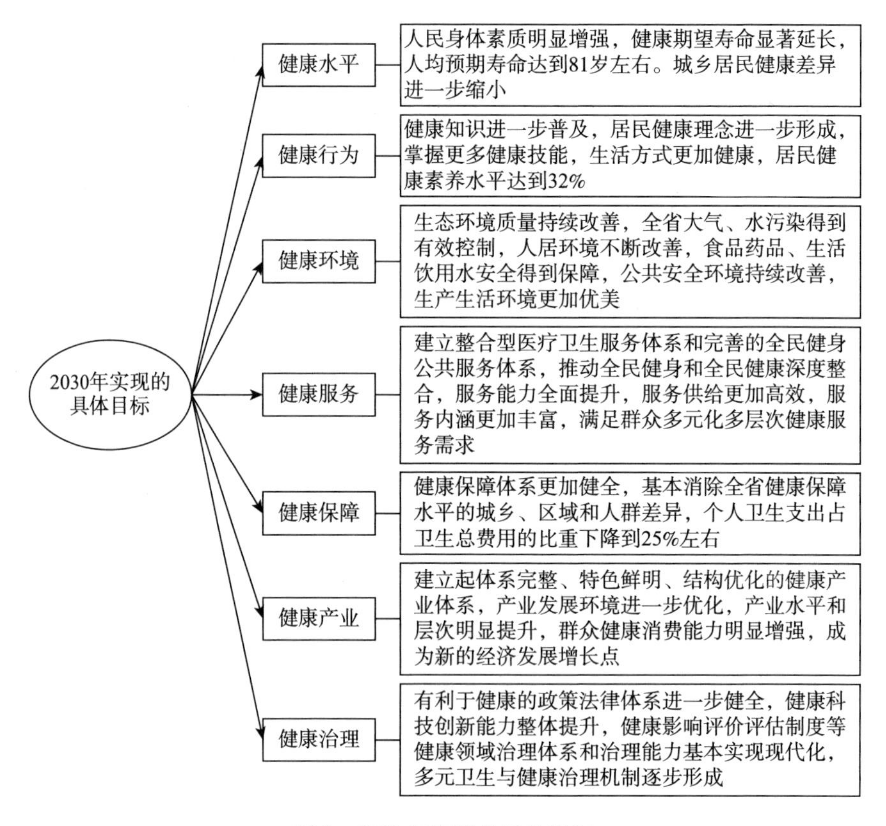

图 2　2030 年实现的具体目标

资料来源：《省委、省政府印发〈“健康山东 2030” 规划纲要〉》，http://www. jining. gov. cn/art/2018/3/20/art_13655_682878. html，最后访问日期：2019 年 8 月 1 日。

养健康产业发展规划（2018—2022 年）》，威海市的环翠区、荣成市、乳山市成功申报国家县域医共体试点县。①

（1）青岛市

2018 年，青岛市人民政府印发了《青岛市医养健康产业发展规划（2018—2022 年）》，全力推进健康青岛建设，提高人民健康水平。在规划中提出了培育发展新动能，应用新技术，培养健康服务

① 蒋锐、孙进平：《全民尽享健康红利——威海市卫健委创新发展增进民生福祉》，http://www. jkb. com. cn/localnews/shandong/2020/0116/468692. html，最后访问日期：2020 年 1 月 17 日。

新业态和新模式，推动医养健康服务多元化、个性化、全程化、智慧化发展，以及建设一批健康小镇等措施，提出了医养健康产业发展的目标，并对2030年的产业发展前景进行了展望。① 青岛市医养健康产业发展目标规划具体见表9。

表9　青岛市医养健康产业发展目标规划

年份	医养健康产业增加值（亿元）	年均增长率（%）	占地区生产总值的比例（%）	健康服务业增加值占服务业增加值的比例（%）
2020	1200	18	—	—
2022	1700	—	11左右	60以上
2030	—	—	14左右	—

资料来源：《关于印发青岛市医养健康产业发展规划（2018—2022年）的通知》，http://www.qingdao.gov.cn/n172/n24624151/n24672217/n24673564/n24676498/181127092803062530.html，最后访问日期：2019年9月3日。

（2）东营市

2018年，东营市人民政府印发了《东营市医养健康产业发展规划（2018—2022年）》，按照一核（全市医养健康产业集聚发展的核心区）、三带（医养结合产业带、中药种植与开发产业带、市域旅游产业带）、五点（东营区、河口区、垦利区、广饶县、利津县）布局健康产业发展空间，提出了发展目标。② 东营市医养健康产业发展目标具体见表10。

表10　东营市医养健康产业发展目标

年份	医养健康产业增加值（亿元）	年均增长（%）	医养健康产业增加值占地区生产总值的比重（%）
2020	269.72	18左右	≥5.8

① 《关于印发青岛市医养健康产业发展规划（2018—2022年）的通知》，http://www.qingdao.gov.cn/n172/n24624151/n24672217/n24673564/n24676498/181127092803062530.html，最后访问日期：2019年9月3日。

② 《东营市人民政府关于印发东营市医养健康产业发展规划（2018—2022年）的通知》，http://www.dongying.gov.cn/art/2018/12/29/art_88788_6186249.html，最后访问日期：2020年10月21日。

续表

年份	医养健康产业增加值（亿元）	年均增长（%）	医养健康产业增加值占地区生产总值的比重（%）
2022	375.5 左右	—	≥7.2
2030	—	—	14 ~ 15

资料来源：《东营市人民政府关于印发东营市医养健康产业发展规划（2018—2022 年）的通知》，http://www.dongying.gov.cn/art/2018/12/29/art_88788_6186249.html，最后访问日期：2020 年 10 月 21 日。

（3）烟台市

2018 年，烟台市人民政府印发了《烟台市医养健康产业发展规划（2018—2022 年）》，以满足人民群众健康服务需求，促进经济发展和民生改善良性互动。在规划中提出到 2022 年基本形成投入多元、覆盖城乡的医疗服务体系和养老服务体系，进一步提高医养健康产业竞争力；到 2030 年，在智慧医疗、医养结合、医养健康等领域形成一批竞争力强的优势企业、知名品牌和关键技术，医养健康产业发展的核心竞争力显著提高。[①] 烟台市医养健康产业发展目标具体见表 11、表 12。

表 11　烟台市医养健康产业发展目标

年份	医养健康产业总收入（亿元）	医养健康产业增加值（亿元）	年均增长（%）	占地区生产总值（%）	健康服务业增加值占医养健康产业增加值的比重（%）
2020	1000	800	18 左右	—	65 左右
2022	—	1100	—	11	68
2030	—	—	—	15	—

资料来源：《关于印发烟台市医养健康产业发展规划（2018—2022 年）的通知》（烟政字〔2018〕81 号），http://www.yantai.gov.cn/art/2018/11/19/art_31953_2321189.html，最后访问日期：2020 年 1 月 5 日。

① 《关于印发烟台市医养健康产业发展规划（2018—2022 年）的通知》（烟政字〔2018〕81 号），http://www.yantai.gov.cn/art/2018/11/19/art_31953_2321189.html，最后访问日期：2020 年 1 月 5 日。

表 12　烟台市 2022 年医养健康产业发展预期指标

年份	医养健康产业增加值（亿元）	医养健康产业增加值占 GDP 比重（%）	健康服务业和健康批发零售业增加值（亿元）	健康服务业增加值占医养健康产业增加值的比重（%）
2022	1100	11	750	68

资料来源：《关于印发烟台市医养健康产业发展规划（2018—2022 年）的通知》，http://www.yantai. gov. cn/art/2018/11/19/art_31953_2321189. html，最后访问日期：2020 年 1 月 5 日。

（4）潍坊市

2018 年，潍坊市出台了《潍坊市建设全国医养结合示范省先行区实施方案》，关于 2020 年和 2022 年两个阶段，从医养结合服务网络、家庭医生签约服务、老年人健康养老服务管理覆盖率、健康养老知名品牌、智慧医养、智能照护服务等多个方面制定了全市医养结合工作的发展目标。① 2019 年，中共潍坊市委、潍坊市人民政府印发了《“健康潍坊 2030”规划纲要》，从规划背景、总体战略、普及健康生活、优化健康服务、营造健康环境、发展医养健康产业、健全健康支撑系统、强化组织实施八个方面对“健康潍坊”进行了部署。② 潍坊市健康产业发展目标具体见表 13。

表 13　潍坊市健康产业发展目标

年份	《国民体质测试标准》合格以上人数比例（%）	65 岁以上老年人健康管理率（%）	食品安全监督抽检合格率（%）	医养健康产业规模（亿元）
2020	92	75	98. 9	575
2030	95	85 以上	99. 2	4886

资料来源：《关于印发〈“健康潍坊 2030”规划纲要〉的通知》，http://www.weifang. gov. cn/zcwj/swwj/201911/t20191127_5487366. html，最后访问日期：2019 年 12 月 15 日。

---

① 王玉龙：《潍坊：医养结合开启健康养老新模式》，https://www.sohu. com/a/294662245_607151，最后访问日期：2020 年 1 月 5 日。

② 《关于印发〈“健康潍坊 2030”规划纲要〉的通知》，http://www.weifang. gov. cn/zcwj/swwj/201911/t20191127_5487366. html，最后访问日期：2019 年 12 月 15 日。

（5）威海市

威海制订《威海市康养旅游产业发展规划（2018—2020年）》《威海市医养健康产业发展规划（2018—2022年）》《威海市中医药健康旅游示范区建设工作方案》《威海市中医药服务贸易平台建设实施方案》等系列政策性文件，在财政投入、土地保障、税费减免、投融资、人才支持方面加强政策保障，优化康养健康产业发展环境，错位竞争、集聚发展，打造“双核、三带、六个基地”，围绕“医、药、养、食、游”等重点领域，把医养健康产业培育成新的经济增长点和支柱产业。争取到2022年实现医养健康产业增加值突破800亿元，占GDP比重达16%。①

（6）日照市

2018年，日照市发布了《日照市创建全省医养结合示范市工作方案》，到2020年全面建成以居家为基础、以社区为依托、以机构为补充、医养相结合的养老服务体系，到2022年全面建成服务模式智慧化、投资主体多元化、服务流程标准化、服务队伍专业化、服务品牌高端化的医养结合服务体系。②

（7）滨州市

截至2019年8月，全市医养健康产业规模以上企业52家，主营业务收入较2018年全年增长206%。2019年9月，滨州市医养健康产业协会成立，以整合全市医养健康产业资源，规范医养健康产业市场，也为政府和企业之间搭建了一个稳固桥梁，推动健康产业发展。③

2019年，滨州市人民政府发布了《滨州市医养健康产业发展规

① 《（重磅来袭）威海重点推进44个康养旅游产业项目》，https://www.sohu.com/a/319634337_760111，最后访问日期：2019年10月5日。

② 《日照市创建全省医养结合示范市工作方案》，https://wenku.baidu.com/view/16cfc2da842458fb770bf78a6529647d272834fe.html，最后访问日期：2019年10月5日。

③ 《滨州市医养健康协会成立》，http://www.binzhou.gov.cn/xinwen/html/76458.html，最后访问日期：2020年1月5日。

划（2018—2022年）》，明确提出了医养健康产业的指导思想、战略定位与发展目标，规划了“一核、三片、多点”的空间布局，划定了医疗服务、健康养老、生物医药、中医中药、健康旅游等多个方面的重点领域，以及确定一批重点任务，搭建一批支撑平台。[①] 滨州市医养健康产业发展目标具体见表14。

表14　滨州市医养健康产业发展目标

年份	医养健康产业增加值（亿元）	占地区生产总值比重（%）	健康服务业增加值占医养健康产业增加值的比重（%）
2020	164	超过5	—
2022	230	超过6	64
2030	—	超过10	—

资料来源：《滨州市人民政府关于印发滨州市医养健康产业发展规划（2018—2022年）的通知》，http://www.binzhou.gov.cn/zwgk/news/detail?code={20190510-1704-3376-6173-005056BB2F8A}，最后访问日期：2019年9月17日。

二　山东省发展海洋健康产业面临的挑战

（一）海洋资源特色有待加强

海洋健康产业的发展离不开海洋资源的支撑，山东省虽然海洋资源非常丰富，但是也面临和其他地区相似的海洋资源同质化严重，提供的海洋康养项目、海洋功能食品缺乏特色等问题。

（二）产业竞争力有待提升

健康产业的产业链很长，涉及第一产业、第二产业和第三产业。同时存在企业缺乏整合、呈现点状分散状态、集聚效益弱、健康产业市场主体规模小、品牌意识不强的问题。现在国内其他一些

① 《滨州市人民政府关于印发滨州市医养健康产业发展规划（2018—2022年）的通知》，http://www.binzhou.gov.cn/zwgk/news/detail?code={20190510-1704-3376-6173-005056BB2F8A}，最后访问日期：2019年9月17日。

城市，如上海、广州、深圳等，建立了健康产业的现代产业园区和产业基地，具有很强的竞争力，因而山东健康产业面临的竞争加剧。

（三）人才队伍结构有待优化

海洋健康产业是一种新兴的海洋产业，需要多种技能、多种产业的交叉融合。但是现在优秀的健康护理人员、健康咨询与健康管理人员等人才缺乏，供不应求。

三　山东省发展海洋健康产业的对策

（一）搜集整理海洋资源

一是查询相关的历史文献，尽可能多地找到将海洋生物资源作为原材料制作药物的史料记载，查找其药用功效的记载，为海洋生物医药的开发积累资料。

二是搜集整理各类食谱和菜谱，查找以海产品为材料的食物，为开发健康产业功能食品做资料储备。

三是整理山东现有海洋旅游资源，针对健康产业发展，开辟旅游、休闲、疗养、度假线路和项目。

四是做好海洋环境调查，对于制约海洋健康产业发展的污染进行整治，确保为健康产业发展提供优美的海洋环境。

（二）做大海洋医药和保健品产业

目前，中国慢性病开始呈现年轻化的趋势。这些慢性病主要包括高血压、糖尿病、肥胖症、脂肪肝、高尿酸等，有 22% 的中年人死于心脑血管病。① 这些慢性病与饮食有较大关系。海洋生物资源是

① 罗茵、方琼玟：《海洋保健品可预防治疗慢性病》，《海洋与渔业》2019 年第 3 期。

人类健康食品的重要来源，在防治人类疾病、预防衰老、延年益寿上有特殊的功效。例如，Omega-3 是现代人普遍缺乏的营养素，还是人体必需的脂肪酸，是生命的重要物质，但是人类不能自行生成 Omega-3，只能从食物中摄取，可是几乎所有海洋生物都含有 Omega-3①，这就为满足人类在营养素方面的需求打开了资源宝库之门。

因此，要大力开发海洋生物资源，为广大人民群众提供物美质优的海洋药物、海洋功能食品和海洋生物保健品。例如，制成胶囊、药丸、溶液、粉末等产品用于保健与防治疾病，还可利用甲壳素和壳聚糖来制作人造皮肤和手术缝合线等。②

“十四五”期间要加强海洋医药和保健品的基础理论研究，包括普筛、定向筛选和理化药物设计相结合；还要进一步加强海洋生物工程技术研究，为基因工程、细胞工程、酶工程等生物技术工程在海洋药物中的运用创造条件。③

（三）做好海洋养生旅游业

养生旅游是指以维护健康或促进健康为主要需求动机的空间移动活动所引起的各种关系和现象的总和。④ 要想打造高质量的养生旅游，应该从以下几个方面入手。

1. 保证海洋环境优美

这是一个基本的前提条件，因此要统筹陆海治理污染，严格控制排污入海物的浓度与总量。⑤ 同时，清除违规占用和使用海岸线

---

① 罗茵、方琼玟：《海洋保健品可预防治疗慢性病》，《海洋与渔业》2019 年第 3 期。

② 陈月、栾维新、程海燕：《我国海洋生物制药与保健品业开发战略》，《海洋开发与管理》2007 年第 6 期。

③ 王长云：《海洋药物与海洋保健品的开发前景及策略》，《海洋信息》1997 年第 9 期。

④ 孔令怡、吴江、曹芳东：《环渤海地区沿海城市滨海养生旅游适宜性评价研究》，《南京师大学报》（自然科学版）2017 年第 2 期。

⑤ 孔令怡、吴江、曹芳东：《环渤海地区沿海城市滨海养生旅游适宜性评价研究》，《南京师大学报》（自然科学版）2017 年第 2 期。

的项目，使海岸线恢复到自然状态。

2. 保护海洋生物资源可持续利用

海洋养生旅游业的发展离不开海洋生物资源的合理利用。

尽管海洋生物资源有可再生性，但是如果乱渔滥捕，捕捞量超过海洋生物资源的可再生量，就会导致海洋生物资源的枯竭，就无法为海洋养生旅游业提供受人青睐的海鲜食品。因此，必须贯彻落实海洋捕捞业的“双控”制度，即控制捕捞渔船的数量和质量（主机功率）来控制捕捞强度，实现海洋生物资源的可持续利用。①

3. 打造特色康养胜地

山东半岛有许多全国知名的旅游资源，这是打造康养胜地所依托的。

一是依托青岛的道教名山——崂山，打造修身养性、悠然自得的道教文化养生产品。

二是依托海滨、海滩、海岛、温泉等自然风光，开发海泥SPA、海岛森林浴、沙滩日光浴、海鲜养生餐、沙滩排球、沙滩足球、沙滩毽球等各种海上体育康体运动活动产品等，打造海洋康体养生旅游目的地。②

三是依托山东省的“海洋牧场”和海洋渔业资源，在海上、岸边开发以为游钓、垂钓、渔业生产活动体验、渔家宴品尝和住宿为主体的休闲渔业活动。

四是依托小长山岛发现的旧石器晚期的大庆山北麓贝丘遗址③、徐福东渡、甲午海战等从古代到现代的海洋文化历史资料和历史遗迹，打造中华海洋文明史无比珍贵的智慧之光胜地，提供丰厚的海

① 孙吉亭、卢昆：《中国海洋捕捞渔船“双控”制度效果评价及其实施调整》，《福建论坛》（人文社会科学版）2016年第11期。

② 朱晓辉：《基于产业融合理论的舟山健康旅游发展研究》，《江苏商论》2018年第10期。

③ 王颖：《山东海洋文化的发展历程及特点》，《山东教育学院学报》2006年第6期。

洋文化精神滋养，创建海洋文化康养品牌。

（四）形成大健康闭环产业链

打造大健康产业生态圈。新兴的健康产业，既不是原先的医药产业，也不是原先的医疗器械产业，更不是单纯的医疗保健业，而是囊括了以医药、器械、保健为主体的医药产业与其上游的新药品、新器械的科技研发，其下游的术后康复、健康咨询、教育培训、营养调理，以及包括论坛、研讨会、新产品展销会等的大健康领域。① 政府在其中要发挥积极的引导作用，出台鼓励政策，搭建合作平台；企业之间应摒弃以往纯竞争的思维方式，利用信息产业发展所提供的合作环境，克服自身的局限，加强合作。

（五）落实健康产业发展规划

一旦健康产业发展规划开始实施，就一定要抓好落实工作，将规划中的各项工作，包括重点项目、重点布局等逐一落到实处，并且针对规划中分析的问题与难点深入排查，补齐短板。做好产业园区和产业基地建设，倡导产业先行、区域共生、生态保育、资源共享的理念，将用地布局、交通组织、空间特色、空间形态等方面全面融合。② 在养老公寓建设方面，要突破传统地产模式，以养老服务经营为核心。③

（六）培养健康产业人才

健康产业是一个复合型产业，因此也需要来自不同专业的人才。要加大力度培养海洋医药和保健研发、中试以及应用方面的人

---

① 熊晶、占足平、谭聪：《粤港澳大湾区建设背景下中山健康产业发展策略研究》，《广东省社会主义学院学报》2020 年第 1 期。

② 姜若磐：《产城融合导向的健康城规划与设计》，硕士学位论文，东南大学，2018，第 105 页。

③ 王超：《国际健康产业园规划实践与探讨》，《山西建筑》2018 年第 23 期。

才。在沿海各海洋高等院校里开设海洋医药和保健品相关课程。也可采取与国外知名大学联合培养的方式，培养高层次的海洋医药与保健品人才。同时，还要加强基层人才队伍建设，形成灵活的用人机制，加强护理、助产、康复、心理健康等急需紧缺专业人才的培养培训，补齐人才短板，优化健康产业人才队伍。对于一些不太需要较高学历的岗位，可以采取短期培训班的方式，培养急需的人才。对于已在岗的人员，采取轮训的方式，使之较好地胜任目前的岗位工作。

（七）创新中医药康养模式

中国中医药历史悠久，是中国传统医药产业的瑰宝。可深入挖掘中医药理论，使之与养生理论相结合。培养一批中医医院走向研究型医院发展道路，使医院的医生成为既懂医疗，又懂科研，还懂健康养生的复合型人才，通过“医研企”协同创新模式①，让中医药医院融入健康产业之中。

（八）做好海洋健康养生宣传工作

健康养生的宣传工作很重要。应该充分利用媒体的力量，利用电视、广播、报纸、网络、多媒体、自媒体、小视频等多种形式，宣传正确的健康理念，传授正确的养生方法。通过媒体引导广大人民群众正确消费海产品，指导广大人民群众了解哪些海产品更具有增强免疫能力的功效，将健康养生工作持续有序地向前推进。

---

① 王泽议：《中医药迎来发展新模式，这些趋势你必须了解!》，https://www.sohu.com/a/120463981_464400，最后访问日期：2019年12月22日。

Conditions, Challenges and Countermeasures of Developing Marine Health Industry in Shandong Province

Dong Zhenghui

(Qingdao Fuwai Cardiovascular Hospital, Qingdao, Shandong, 266000, P. R. China)

Abstract: Marine health resources can provide consumers with sufficient marine food, marine medicine, leisure space and so on. The basic conditions for the development of marine health industry in Shandong are as follows: firstly, it has abundant marine resources and better marine environment; secondly, it has better social and economic conditions; thirdly, it has a better health security system; fourthly, it has a comprehensive development plan for the health industry. The challenges are as follows: firstly, the characteristics of marine resources need to be strengthened; secondly, the industrial competitiveness needs to be improved; thirdly, the talent team structure needs to be optimized. The development strategy is to collect and sort out marine resources, to expand the marine medicine and health products industry, to do a good job in marine health tourism, to form a big health closed-loop industrial chain, to implement the development plan of health industry, to train talents in the health industry, to innovate the healthy mode of traditional Chinese medicine, and to do a good publicity in promoting marine health and wellness.

Keywords: Marine Health Industry; Health Services; Leisure and Entertainment; Combination of Medical Care; Average Life Expectancy

（责任编辑：王学萱）

海上丝绸之路北方航线背景下中韩跨海通道建设初探[*]

刘良忠　柳新华　贺俊艳[**]

摘　要　“一带一路”倡议的实施，需要加强和东北亚国家的互联互通。作为海上丝绸之路北方航线，中韩通道建设是必要的，也是可行的，建设方案分别为近期的铁路轮渡、远期的海底隧道，连接中国山东、韩国西海岸，实现两国铁路联网。建议：（1）将该项目纳入中韩政府合作议程；（2）共同开展建设方案论证规划；（3）探讨跨境（海）合作，特别是山东省的烟台、青岛和韩国仁川等 OEAED 城市率先开展试点；（4）加强“一带一路”国内沿线省（区、市）之间的协调，探索建立新的亚欧大陆桥；（5）纳入“一带一路”倡议，推动陆上、海上丝绸之路的有效衔接。

---

* 本文为国家社科基金特别委托项目“实施环渤海发展战略与渤海海峡跨海通道建设”（项目编号:07@ ZH005）、中国行政体制改革研究基金项目“深化渤海跨海通道建设前期研究”（项目编号:2019CSOARJJKT011）阶段性成果。

** 刘良忠（1975～），男，中国行政体制改革研究会环渤海发展研究中心副主任，鲁东大学环渤海发展研究中心、商学院教授，主要研究领域为战略管理、跨海通道等；柳新华（1954～），男，中国行政体制改革研究会环渤海发展研究中心主任，鲁东大学环渤海发展研究中心教授，主要研究领域为区域经济、跨海通道等；贺俊艳（1982～），女，鲁东大学商学院讲师，主要研究领域为战略管理等。

关键词　跨海通道　海底隧道　铁路轮渡　“一带一路”　丝绸之路

一　引言

（一）“一带一路”倡议

2013 年 9 月，国家主席习近平访问哈萨克斯坦，首次提出共建“丝绸之路经济带”的构想。同年 10 月，习近平在印度尼西亚提出中国愿同东盟国家共同建设“21 世纪海上丝绸之路”的重大倡议。2015 年 3 月，经国务院授权，国家发改委、外交部、商务部等部委联合发布《推动共建丝绸之路经济带和 21 世纪海上丝绸之路的愿景与行动》（以下简称《愿景与行动》），详细阐述了“一带一路”倡议的时代背景、目前中国各地方的积极开放态势和行动，明确了和沿线各国的共建原则、框架思路、合作重点、合作机制等，提出中国愿与沿线国家共创美好未来。

（二）“一带一路”需要进一步拓展连通东北亚国家的新路线

“一带一路”倡议构想得到沿线国家积极响应的同时，在国内也迅速掀起热潮，各省（区、市）各地积极行动，纷纷对接“一带一路”倡议。2015 年国家发布的《愿景与行动》，作为“一带一路”倡议实施的指导性文件，在区域上共包含了 18 个省（区、市），涉及西北地区的内蒙古、宁夏、青海、陕西、甘肃、新疆 6 省（区），东北地区的辽宁、吉林、黑龙江 3 省，西南地区的广西、云南、重庆、西藏 4 省（区、市）（注：重庆在《愿景与行动》中属于内陆地区，为便于比较分析，在此计入西南地区），东南地区的上海、浙江、福建、广东、海南 5 省（市）。此外，还有北京、天津、山东、河南、四川、湖北、湖南、江西、安徽等省（市），也有不同程度的涉及。[①] 具体见表1。

表1　2013年“一带一路”涉及中国有关省（区、市）经济概况

省（区、市）	关于“一带一路”的区域发展定位	生产总值（亿元）	进出口总额（亿美元）	外贸占生产总值比重（%）	外商直接投资（亿美元）	对外直接投资（亿美元）
内蒙古	联通俄蒙，向北开放的先行地	16832.38	119.93	4.42	46.45	4.09
宁夏	西宁开发开放，宁夏内陆开放型经济试验区	2565.06	32.18	7.79	1.48	0.86
青海	“丝绸之路经济带”通道、重要支点和人文交流中心，青海向西开放的主阵地和推动全省经济发展的新增长极	2101.05	1.4	0.41	0.94	0.36
陕西	“丝绸之路经济带”重要支点，中国向西开放的重要枢纽，西安内陆型改革开放新高地	16045.21	201.27	7.79	36.78	3.08
甘肃	兰州开发开放，“丝绸之路经济带”黄金段，中国向西开放的重要门户和次区域合作倡议基地	6268	102.81	10.18	0.8	4.32
新疆	“丝绸之路经济带”核心区、重要的交通枢纽、商贸物流和文化科教中心	8510	275.62	20.11	4.81	3.16
辽宁	与俄远东地区陆海联运合作，北京—莫斯科欧亚高速运输走廊，向北开放的重要窗口	27077.7	1142.8	26.20	290.4	12.95
吉林	与俄远东地区陆海联运合作，北京—莫斯科欧亚高速运输走廊，向北开放的重要窗口	12981.46	258.53	12.36	18.19	7.52

① 《授权发布：推动共建丝绸之路经济带和21世纪海上丝绸之路的愿景与行动》，http://www.xinhuanet.com/world/2015-03/28/c_1114793986.htm，最后访问日期：2020年1月10日。

续表

省（区、市）	关于“一带一路”的区域发展定位	生产总值（亿元）	进出口总额（亿美元）	外贸占生产总值比重（%）	外商直接投资（亿美元）	对外直接投资（亿美元）
黑龙江	对俄铁路通道和区域铁路网，与俄远东地区陆海联运合作，北京—莫斯科欧亚高速运输走廊，向北开放的重要窗口	14382.9	388.8	16.78	46.1	7.73
广西	北部湾经济区、珠江—西江经济带开放发展，面向东盟区域的国际通道，西南、中南地区开放发展新的倡议支点，海上丝绸之路经济带有机衔接的重要门户	14378	328.37	14.18	7	0.81
云南	“一带一路”的支点，大湄公河次区域经济合作新高地，面向南亚、东南亚的辐射中心	11720.91	258.29	13.68	25.1	0.83
重庆	长江上游综合交通枢纽，内陆开放高地	12656.69	687.04	33.70	41.44	3.47
西藏	与尼泊尔等国家边境贸易和旅游文化合作，面向南亚开放的大通道，“一带一路”建设的重要节点	807.67	33.19	25.51	1.01	0.002
上海	中国（上海）自由贸易试验区，服务“一带一路”建设、推动市场主体“走出去”的先行地	21602.12	4413.98	126.86	167.8	26.75
浙江	浙江海洋经济发展示范区和舟山群岛新区，“一带一路”倡议经贸合作先行区，“网上丝绸之路”试验区，贸易物流枢纽区，陆海统筹、东西互济、南北贯通的开放新格局	37568	3358	55.49	141.6	25.53

续表

省（区、市）	关于"一带一路"的区域发展定位	生产总值（亿元）	进出口总额（亿美元）	外贸占生产总值比重（%）	外商直接投资（亿美元）	对外直接投资（亿美元）
福建	"21 世纪海上丝绸之路"的核心区，福建海峡蓝色经济试验区，"一带一路"互联互通建设的重要枢纽，海上丝绸之路经贸合作的前沿平台，海上丝绸之路人文交流的重要纽带	21759.64	1693.52	48.32	66.79	9.52
广东	深圳前海、广州南沙、珠海横琴等开放合作区，粤港澳大湾区，古代海上丝绸之路重要发祥地，改革开放先行地，"21 世纪海上丝绸之路"的先行地	62163.97	10915.7	109.02	249.52	59.43
海南	海南国际旅游岛开发开放，海上丝绸之路门户支点	3146.46	149.78	29.55	18.11	8.17
全国	—	568845	41600	45.40	1176	927.39

资料来源：由 2013 年各省（区、市）政府工作报告、统计公报归纳整理。其中，对外直接投资数据来源于《2013 年度中国对外直接投资统计公报》（中华人民共和国商务部、国家统计局、国家外汇管理局联合发布）。

表 1 是目前中国全面参与"一带一路"倡议的部分省（区、市），在地理分布上以西北、东北、西南地区为主，其中，西北地区的内蒙古、宁夏、青海、陕西、甘肃、新疆等省（区），具有临近中亚国家的区位优势，参与积极性更高，是最早响应"一带一路"倡议的省（区）。但不能否认的现实是，和东部沿海发达地区相比，西北、东北、西南地区经济实力普遍较弱。以西北地区为例，"一带一路"倡议提出的当年（2013 年），内蒙古、宁夏、青海、陕西、甘肃、新疆西北 6 省（区）经济总量合计为 52321.7 亿元，进出口总额合计为 733.21 亿美元，分别仅占到全国的 9.20%、1.76%。如果再加上东北地区的辽宁、吉林、黑龙江 3 省，经济总量、进出口总额也不过分别占到全国的 18.77%、6.07%。即便是按照参与"一带一路"18 个省（区、市）的总体统计，将中国最

发达的上海、浙江、福建、广东等东部沿海省（市）包含在内，经济总量在全国也只占到51.43%，进出口总额占到58.56%。如果看外贸依存度（进出口总额占生产总值比重）指标，18个省（区、市）中，也只有上海、浙江、福建、广东这4个沿海省（市）超过了全国平均水平（45.40%），其他14个省（区、市）都低于全国平均水平，西北、东北、西南地区各省（区、市）均远低于全国平均水平。外商直接投资、对外直接投资等反映投资的指标，也是同样的情况，除东南沿海4省（市）之外，参与“一带一路”建设的绝大多数省（区、市）落后于全国平均水平。

“一带一路”建设是一项长期而深远的系统工程，在当前及今后很长一个时期的推进实施过程中，需要扩大和深化对外开放，构建全方位开放的新格局，深度融入世界经济体系，加强和沿线国家以及世界各国的互利合作。在《愿景与行动》中，中国也向世界各国庄严宣告：愿意在力所能及的范围内，承担更多责任义务，为人类和平发展做出更大的贡献。[①] 如果仅仅主要依靠纳入国家规划的西北、东北、西南地区省（区、市）和东南沿海地区部分省（区、市）的话，中国在“一带一路”建设中发挥的作用无疑将受到一定的限制，“一带一路”推进也难以实现预期的目标。

除了包括陆上丝绸之路外，广义的“丝绸之路”事实上还包括海上丝绸之路。海上丝绸之路由南方航线、北方航线组成。南方航线又称为南海航线，就是已被纳入《愿景与行动》的以宁波（古代明州）、泉州、福州、广州等为起点，连通东南亚、南亚、欧洲、非洲的线路。而北方航线又被称为东海航线、东方海上丝绸之路，自春秋战国时期开始就是中国与朝鲜半岛、日本列岛政治、经济、贸易、文化交流的重要通道，起点主要包括烟台（古代登州）、青

① 《授权发布：推动共建丝绸之路经济带和21世纪海上丝绸之路的愿景与行动》，http://www.xinhuanet.com/world/2015-03/28/c_1114793986.htm，最后访问日期：2020年1月10日。

岛（古代胶州）、宁波（古代明州）、泉州等。[①] 如唐朝在山东半岛置登州（今山东半岛地区）港，中国古代四大港口中的明州（宁波）港、广州港、泉州港均在南方，登州港是整个北方地区唯一的大港。《新唐书·地理志》记载当时中国和周边国家的主要交通线路有七条，其中两条海路中的北线由“登州海行入高丽、渤海道”，就是以今天的山东半岛为起点，通往朝鲜半岛、日本等的古代海上丝绸之路。主要航线有两条：第一条是陆海结合，依次是山东半岛—庙岛群岛、渤海海峡—辽东半岛—朝鲜半岛—对马海峡—日本；第二条以海上航线为主，线路为山东半岛—黄海—朝鲜半岛—对马海峡—日本。[②] 近年来，理论界和实践界又兴起冰上丝绸之路的新概念，又被称为北极航道。2017 年 7 月，中国国家主席习近平与俄罗斯总统普京提出共同打造“冰上丝绸之路”，开展北极航道合作。2018 年 1 月，中国发布白皮书《中国的北极政策》，正式提出共建“冰上丝绸之路”。2019 年 9 月，国务院批复《中国—上海合作组织地方经贸合作示范区建设总体方案》，提出：山东省打造“一带一路”国际合作新平台，更好地发挥青岛在“一带一路”新亚欧大陆桥经济走廊建设和海上合作中的作用，加强中国同上海合作组织国家互联互通，着力推动形成陆海内外联动、东西双向互济的开放格局。

面对不断变化的国际、国内环境，为了抓住历史机遇，按照《愿景与行动》要求的“充分发挥国内各地区比较优势，实行更加积极主动的开放战略，加强东中西互动合作，全面提升开放型经济水平”[③]，东部沿海地区更多省（区、市）主动参与“一带一路”建设，在现有的新亚欧大陆桥、中蒙俄、中国—中亚—西亚、中国—中南半岛等国际经济合作大通道的基础上，探索开辟“一带一路”新路线，加快北方海上丝绸之路的建设，沟通“活跃的东亚经

① 田圣宝：《东方海上丝绸之路研究述评》，《山东行政学院学报》2018 年第 1 期。

② 山东省蓬莱市史志编纂委员会编《蓬莱县志》，齐鲁书社，1995，第 377 页。

③ 《推动共建丝绸之路经济带和 21 世纪海上丝绸之路的愿景和行动》，人民出版社，2015，第 16 页。

济圈”，进一步加强和韩国、日本、俄罗斯等东北亚国家的互联互通、经济贸易等交流合作。特别是韩国，和中国隔海相望，一衣带水，两国之间人流、物流密集，经济贸易增长迅速。日益加快的中日韩自由贸易区建设和东北亚区域一体化发展，对中韩两国的互联互通提出了新的要求，建设中韩跨海通道、实现基础设施互联互通，成为现实的选择。

（三）中韩跨海通道的设想

中韩跨海通道的设想最早提出于 20 世纪 90 年代，由中韩两国的政府部门、科研和设计机构专家学者分别提出，采取铁路轮渡、海底隧道等方式，跨越黄海，连接东西两岸，连通中国山东省和韩国西海岸。中国端的登陆点有威海、烟台等备选城市，韩国的登陆点有仁川、平泽等备选城市。此后，两国专家学者围绕中韩跨海通道的工程方案、交通物流等开展了一系列研究、研讨，两国政府、有关部门也多次将铁路轮渡、海底隧道纳入规划或高层磋商范畴。①

二　中韩跨海通道建设的必要性

（一）跨国界（边界）跨海通道建设是大势所趋

现代经济社会的高速发展对交通运输不断提出新的更高的要求。为了突破传统海运对交通运输的制约，各界各国建设了一系列跨越海峡、海湾、海岛的大型工程，现代化的铁路、公路穿越海峡、海湾、海岛，将原本隔海相望的两地紧紧连在一起，交通路网

① 李宏：《建设中韩日国际海底隧道的战略构想》，《综合运输》2008 年第 9 期。徐琮垣、陆化普：《中韩日海底隧道开发战略及其效果研究》，《综合运输》2010 年第 4 期。李婉昕：《建立中韩跨国物流自由经济区的可行性分析》，硕士学位论文，中国海洋大学，2013，第 36 ~ 42 页。崔京淑：《在韩国立场上建造中韩铁路轮渡的必要性和前景》，《环球市场信息导报》2016 年第 5 期。唐寰澄编著《世界著名海峡交通工程》，中国铁道出版社，2004，第 3 ~ 4 页。

格局不断优化，交通运输效率不断提高、运量不断增加。截至目前，据不完全统计，全球跨越海峡、海湾、海岛的通道已有 100 多条，遍布五大洲几十个沿海国家，其中有很多是跨国界、边界的大型工程。[①] 跨海通道的建成，打破了原有的区域限制，将原先两个联系很少的区域紧密地联系在一起，由于跨海通道的沟通，原来各自独立、互相分隔的行政区域，变成了相互联系、密不可分的经济区域，地区政治经济一体化的发展由于跨海通道工程的建设而大大加快了步伐。[②] 目前全球已经建成的比较有代表性的工程有连接英国和法国的英法海峡隧道（欧洲隧道），连接丹麦和瑞典的厄勒海峡大桥，连接德国和丹麦的费马恩海峡通道，连接新加坡和马来西亚的新柔长堤、新马第二通道等（见表 2）。此外，连接芬兰、爱沙尼亚的芬兰湾海底隧道、连接新加坡和马来西亚的新马第三通道、连接西班牙和摩洛哥的直布罗陀海峡隧道、连接日本和韩国的日韩海底隧道、连接美国和俄罗斯的白令海峡隧道等，也正在论证、规划中。[③]

表 2　跨国界（边界）的代表性跨海通道工程

跨海通道工程	连接国家或地区
英法海峡隧道	英国、法国
厄勒海峡大桥	丹麦、瑞典
费马恩海峡通道	德国、丹麦
新柔长堤、新马第二通道	新加坡、马来西亚
芬兰湾海底隧道（拟建）	芬兰、爱沙尼亚
直布罗陀海峡隧道（拟建）	西班牙、摩洛哥
日韩海底隧道（拟建）	日本、韩国
白令海峡隧道（拟建）	美国、俄罗斯

资料来源：刘良忠、柳新华《渤海海峡跨海通道与国家区域发展战略研究》，经济科学出版社，2018。

① 唐寰澄编著《世界著名海峡交通工程》，中国铁道出版社，2004，第 3～4 页。

② 《渤海海峡跨海通道研究》课题组编《渤海海峡跨海通道研究（1992—2003）》，中国计划出版社，2003，第 243～257 页。

③ 刘良忠、柳新华：《渤海海峡跨海通道与国家区域发展战略研究》，经济科学出版社，2018，第 23～35 页。

（二）国外跨海通道实例

1. 英法海峡隧道

英法海峡隧道是一条英国连接法国和通往欧洲大陆的铁路隧道，工程从19世纪初提出设想，1994年5月正式开通运营。隧道全长51千米，其中海底段长38千米，年设计运输能力为旅客3000万人、货物1500万吨。

（1）促进了欧洲区域交通、经济社会的一体化。隧道将英国的铁路和欧洲大陆实现了联网，欧洲铁路网从此成为一个完整的网络体系，英国和欧洲各国之间实现了快速通达。隧道运营的“欧洲之星”（Euro Star）列车，由英国、法国、比利时三国铁路部门联营，车速达每小时300千米，伦敦与巴黎之间平均旅行时间为3小时，伦敦和布鲁塞尔之间为3小时10分。如果把从市区到机场的时间算在内，“欧洲之星”比飞机还快。英法海峡隧道还专门设计了一种运送公路车辆的区间列车，称为“列舒特”（Le Shuttle）。汽车通过火车运输穿越海峡，在英国和欧洲大陆畅行，欧洲公路网也因此连为一体。交通的一体化，有力促进了欧洲区域经济社会发展的一体化。事实上，隧道的建设决策本身就受到欧洲一体化进程的影响。隧道项目既是欧洲一体化进程的产物，又是欧洲政治经济社会一体化的一个推动力，两者相辅相成，几乎是平行发展。

（2）促进了英国和欧洲大陆的人员流动，推动了贸易、经济等增长。隧道开通以来，每年约有260万辆小汽车、150万辆卡车通过隧道，往来英国和欧洲大陆。自1994年起，20多年来隧道共运载旅客3.5亿人次、货物3.2亿吨。英法隧道也由此成为世界海底隧道运输的领导者。

2. 厄勒海峡大桥

厄勒海峡大桥被誉为“瑞典通向欧洲的大桥”，连接丹麦首都哥本哈根和瑞典马尔默，大桥的开通把两个隔海相望的国家连成了一个共同的经济区域——厄勒地区。相同的地理区位以及共同的市场空间，使两国政府长期以来一直致力于区域经济的合作。跨海大桥的建成，为两国经济的合作发展带来了新的空间。厄勒海峡大桥将丹麦和瑞典两国的经济合作推向了新的高潮。针对厄勒地区的区位特点，两国政府共同确定了重点发展生物科技、制药、医疗设备、信息、通信、环保等领域。多家跨国公司把北欧总部选定在该区域（如丰田、奔驰、克莱斯勒等），其中最有名、最成功的是药谷工程。这是由两国的生物技术公司、制药工业、公共研究机构和各医院联合开展的一项工程。目前每年通过大桥的车辆超过745万辆，铁路客运超过1220万人。这一地区也被看作跨国境（边境）区域政治经济合作的最佳案例，已经成为斯堪的纳维亚半岛最大的经济集聚体，海峡两岸的壁垒逐渐消除，增加贸易，促进厄勒海峡两岸商业部门的融合，提高通勤量并实现跨边境移民，以此为基础的丹麦与瑞典政治经济一体化进程逐步实现。

三　中韩跨海通道建设的必要性和现实意义

（一）中韩两国经济贸易快速发展的需求

自1992年建交以来，中韩两国经贸合作始终保持迅猛发展的势头。双边贸易持续稳定增长，合作领域不断扩大，合作水平不断提高。2012年，中国超过日本、美国，成为韩国第一大贸易伙伴国、进口来源国和出口对象国及第二大投资对象国。2018年，韩国成为中国第一大进口来源国、第三大贸易伙伴国、第四大出口对象国和第四大外资来源地。而中国是韩国的第一大贸易伙伴，韩国的三星电子、现代重工、乐天集团等世界500强企业，均以中国为第一大市场。二十余年来，中韩双边贸易额已经由建交时的约50亿美元迅猛增长到2018年的3134.3亿美元，保持年平均增长17.4%的速度（见表3、图1）。从表3、图1中可以看出，除2009年、2015年、2016年等少数年份之外，中韩两国经济贸易一直呈快速增长趋势，特别是中韩贸易总额占韩国进出口总额的比重一直呈上升趋势，目前已占到韩国进出口总额的27.5%，占中国进出口总额的比重也一直稳定在7%左右。2015年6月1日，中韩两国正式签署自贸协定，标志着中韩自贸区建设将进入实施阶段。可以预见，未来较长一个时期，两国贸易仍将保持稳步快速增长趋势。

表3　近年来中韩两国贸易情况

年份	中国贸易总额（亿美元）	韩国贸易总额（亿美元）	中国出口韩国（亿美元）	自韩国进口（亿美元）	中韩贸易总额（亿美元）	中韩贸易总额增长率（%）	中韩贸易总额占韩国进出口总额的比重（%）	中韩贸易总额占中国进出口总额的比重（%）
1992	1655.3	1584.1	24.1	26.2	50.3	55.2	3.2	3.0
2000	4742.9	3327.5	112.9	232.1	345.0	37.8	10.4	7.3
2001	5096.5	2915.4	125.2	233.9	359.1	4.1	12.4	7.1
2002	6207.7	3146.0	155.0	285.7	440.7	22.8	14.0	7.1
2003	8509.9	3726.4	201	431.3	632.3	43.4	17.0	7.4
2004	11545.5	4783.1	278.2	622.5	900.7	42.4	18.8	7.8
2005	14219.0	5456.6	351.1	768.2	1119.3	24.3	20.5	7.9
2006	17604.0	6348.5	445.3	897.8	1343.1	20	21.2	7.6
2007	21737.3	7283.4	561.4	1037.6	1599.0	19.1	22.0	7.4
2008	25632.5	8572.8	739.5	1121.6	1861.1	16.2	21.7	7.3
2009	22072.7	6866.2	536.0	1025.5	1562.3	-16	22.8	7.1
2010	29727.6	8916.0	687.7	1384.0	2071.7	32.6	23.8	7.0
2011	36420.6	10797.8	829.2	1627.1	2456.33	18.6	22.7	6.7
2012	38667.6	10674.5	876.8	1686.5	2563.29	4.4	24.0	6.6
2013	41603.3	10752.2	911.8	1830.7	2742.48	7.0	25.5	6.6
2014	43030.4	10986.6	1003.6	1902.1	2905.63	5.9	26.4	6.8
2015	39586.4	9633.0	1013.0	1745.2	2758.2	-5.1	28.6	7.0
2016	36855.6	9016.0	937.1	1588.7	2525.8	-8.4	28.0	6.9
2017	41045.0	10522.0	1027.5	1775.1	2802.6	10.9	26.6	6.8
2018	42630.0	11403.4	1087.9	2046.4	3134.3	11.8	27.5	7.4

资料来源：由中华人民共和国商务部公布资料整理得出。

中韩跨海通道中国端所在的山东省，和韩国隔海相望，区位优势独特，交通物流便捷，是海上丝绸之路和陆上丝绸之路的重要结合

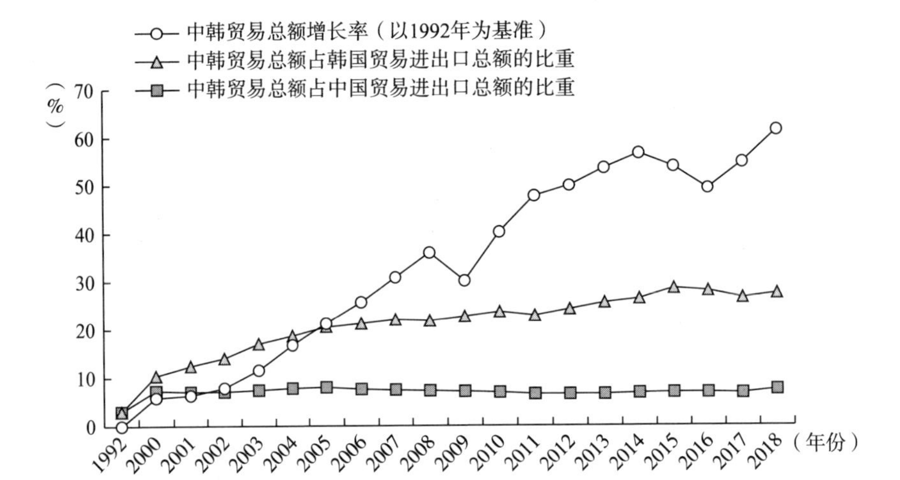

图 1　近年来中韩两国贸易发展趋势

资料来源：由中华人民共和国商务部公布资料整理得出。

点，也是海上丝绸之路北方航线的起点。目前，韩国已是山东第一大境外游客来源地、第二大外资来源地和前四大贸易伙伴（见表 4）。2018 年，山东省和韩国的进出口总额达 1934.65 亿元，仅次于美国、欧盟、东南亚国家联盟，而高于日本、俄罗斯等国家和地区。近年来，山东省和韩国的贸易额占到中韩两国贸易总额的比重一直在 10%左右（见表 5）。三星、现代、起亚、SK、LG、乐天、斗山等韩国排名前 30 的知名企业、跨国公司，在山东境内均有投资，建有研发中心、生产制造基地、区域总部等。2015 年中韩两国正式签署自贸协定，引入地方经济合作条款，明确中韩两国各有一个城市，作为地方经济合作示范区，发挥示范和引导作用，其中韩国为仁川自由经济区，而中国则为离韩国最近的山东省威海市。

表 4　山东省与主要区域组织、国家（地区）的贸易情况

区域组织、国家（地区）	进出口		出口		进口	
	总值（亿元）	同比（%）	总值（亿元）	同比（%）	总值（亿元）	同比（%）
美国	2342.55	1.60	1914.61	8.60	427.94	-21.30

续表

区域组织、国家（地区）	进出口		出口		进口	
	总值（亿元）	同比（%）	总值（亿元）	同比（%）	总值（亿元）	同比（%）
欧盟	2187.35	4.90	1610.97	5.10	576.38	4.40
东南亚国家联盟	2093.60	-3.00	1209.9	15.90	883.70	-20.80
韩国	1934.65	-0.80	1050.06	1.00	884.58	-2.80
日本	1470.00	1.60	1134.55	4.80	335.45	-7.90
巴西	1207.1	61.80	149.39	17.80	1057.71	70.80
俄罗斯	912.79	24.00	231.99	-25.30	680.80	59.90
澳大利亚	782.43	0.60	211.94	7.30	570.50	-1.70
安哥拉	477.65	33.00	10.31	21.20	467.34	33.30
中国台湾地区	361.21	1.90	117.61	-0.60	243.6	3.10
印度	354.58	15.80	271.09	13.90	83.49	22.10
加拿大	348.74	9.70	194.94	11.50	153.80	7.40
智利	314.59	18.00	78.57	14.80	236.02	19.10
墨西哥	309.56	29.20	258.66	27.80	50.90	37.20
中国香港地区	292.72	-4.80	278	-4.10	14.72	-17.00
秘鲁	211.76	16.40	36.83	16.20	174.93	16.50
阿联酋	209.81	3.00	121.93	0.40	87.88	7.00
阿曼	203.21	9.30	20.43	-43.70	182.78	22.10
刚果（布）	202.12	52.40	3.75	-6.30	198.37	54.20
沙特阿拉伯	183.75	2.50	106.37	3.60	77.38	1.10

资料来源：由中华人民共和国海关总署、济南海关公布资料整理得出。

表 5　近年来山东省和韩国的贸易情况

年份	进出口		出口		进口	
	总值（亿元）	同比（%）	总值（亿元）	同比（%）	总值（亿元）	同比（%）
2013	1795.5	4.7	774.9	-4.5	1020.6	11.7
2014	2016.8	5.8	849.8	7.8	1167.0	12.4
2015	2004.0	-6.3	908.3	6.9	1095.7	-6.1
2016	1904.2	-5.0	947.0	4.3	957.2	-12.6
2017	1949.25	2.3	1040.58	9.9	908.67	-5.1
2018	1934.64	-0.8	1050.06	1.0	884.58	-2.8
2019	1951.0	0.9	1153.3	9.8	797.7	-9.8

资料来源：由中华人民共和国商务部、山东省商务厅公布资料整理得出。

（二）东北亚交通基础设施互联互通的需求

中韩跨海通道不仅是中韩两国互联互通的重大基础设施，而且对整个东北亚区域的交通格局和经济社会发展也具有重要影响。该项目连通黄海东西两岸，衔接中国和朝鲜半岛，对扩大韩国、朝鲜、日本、蒙古国、俄罗斯远东等东北亚国家和地区的交通物流、经济贸易等交流合作也具有积极而深远的意义。早在20世纪60年代，联合国亚洲及太平洋经济社会委员会就拟定建设泛亚铁路的计划，连接欧亚大陆铁路网，其中的北部通道连通欧洲、太平洋沿岸国家和地区，中韩通道是该计划的一个重要环节。在“一带一路”倡议规划中，中蒙俄通道是重要的陆上国际大通道、国际经济合作走廊，而韩国的“欧亚倡议”核心内容也是贯通朝鲜半岛，建立连通中俄的国际通道。随着中蒙俄通道、韩朝俄通道，以及中韩通道的规划建设，南北纵向、东西横向两条国际大通道在东北亚交汇，将进一步提升东北亚的地缘优势，提升该地区的全球竞争力。

（三）东北亚区域经济一体化发展的需求

区域经济一体化是世界发展的大趋势。欧盟、北美等已走在世界前列。区域经济一体化的前提和先导是交通一体化。中日韩三国作为东北亚的主要国家，均隔海相望。交通的制约，阻碍了区域经济一体化的进程。

以山东省威海市为例，从威海到韩国，直线距离只有93海里（172千米），比到辽宁大连还要近。但即使是这样近的距离，乘船也需要14小时，乘飞机需要将近1小时。而如果中韩两国建有海底铁路隧道，则火车穿越，以目前的平均速度（时速120千米）仅需要一个半小时多一点，如果是高速列车（时速300千米），则仅需要30分钟左右。从山东烟台、青岛到韩国，情况也与此相似。

目前，韩国和日本已经联合，计划在两国的海峡间修建250千米长的海底隧道，连接韩国东海岸和日本西海岸。如果中韩海底隧道或铁路轮渡能够得以修建，则可以通过韩国铁路网，与日韩海底隧道相通，进而与日本铁路网连接在一起，实现东北亚交通网络的自由互联，扩大中日韩三国经济贸易人员的交流，加速要素资源流动，推进东北亚区域经济一体化的发展。

（四）中国“一带一路”倡议实施的需求

“一带一路”的合作重点是政策沟通、设施联通、贸易畅通、资金融通、民心相通五个方面，而基础设施互联互通是“一带一路”建设的优先领域。《愿景与行动》等“一带一路”有关发展规划也明确提出：沿线国家宜加强基础设施建设规划、技术标准体系的对接，共同推进国际骨干通道建设，逐步形成连接亚洲各次区域以及亚欧非之间的基础设施网络。①

中韩跨海通道作为重要的国际通道，不仅延续了已有千年历史的海上丝绸之路东海航线（北方航线），进一步深化了海上丝绸之路的开放，而且有效衔接了海上丝绸之路和陆上丝绸之路，是“一带一路”倡议的重要载体。通道的建设，将中国特别是东部沿海广大地区和韩国纳入了“3 小时经济圈”，其中山东等省市被纳入了“1 小时经济圈”。

四　中韩跨海通道建设的可行性和现实基础

中韩跨海通道建设不仅是必要的，而且是具有可行性和现实基础的。

（一）世界已有跨海通道，为中韩跨海通道提供了技术借鉴和支持

随着经济社会和科技的发展，跨海工程技术已日益成熟。目

---

① 《授权发布：推动共建丝绸之路经济带和 21 世纪海上丝绸之路的愿景与行动》，http://www.xinhuanet.com/world/2015-03/28/c_1114793986.htm，最后访问日期：2020 年 1 月 10 日。

前，世界已有的跨海工程主要包括铁路轮渡、跨海桥梁、海底隧道等。据不完全统计，世界各国已开通、运营跨海铁路轮渡航线50余条，分布在20多个国家和地区。而全世界已建成的海底隧道有40多条，还有大量的海底隧道特别是跨越国际、洲际的工程正在设计、规划当中。无论是铁路轮渡还是海底隧道，已有的跨海工程为中韩跨海通道的研究、规划和建设提供了技术借鉴和支持。

（二）中韩两国已基本达成共识，促进基础设施互联互通

2015年，中韩双方签署了《关于在丝绸之路经济带和21世纪海上丝绸之路建设以及欧亚倡议方面开展合作的谅解备忘录》。两国共同挖掘“一带一路”倡议、“欧亚倡议”与两国自身发展的契合点，两大倡议实现有机对接，为中韩合作发展提供了更大的平台和更广阔的空间。而自20世纪90年代以来，中韩两国就已针对跨国交通、物流等展开多次会谈、协商，基本达成共识。早在1998年，韩国总统金大中访华时，即与中国签署了《中韩铁路交流与合作协定》。

（三）中韩两国已持续进行了多年论证，并提出了若干工程方案

自20世纪90年代中韩跨海通道设想提出以来，两国学者、政府有关部门、科研机构、学会（研究会）等积极开展研究论证，包括韩国国土海洋部、京畿开发研究院、中国渤海海峡跨海通道课题组等开展了“积极应对东北亚经济共同体的韩中海底隧道基础研究”“中韩跨海通道对接‘一带一路’研究”等一系列项目研究，提出了若干工程方案、投融资方案，也召开了一系列的研讨会，其中部分研究已达到或接近工程预可研的水平，具备了建设、实施的基础条件。

（四）通道两端的城市如烟台、青岛、仁川等均为“东亚经济交流推进机构”成员，具有长期的合作基础

东亚经济交流推进机构（The Organization for the East Asia Economic

Development，OEAED），是由日本倡议发起，联合中国的天津、大连、青岛、烟台，日本的北九州、下关、福冈、熊本，韩国的仁川、釜山、蔚山 11 个“环黄海经济圈”城市的区域合作组织，2004 年 11 月成立，前身是 1991 年成立的“东亚城市会议”“东亚经济人会议”合作组织。该组织的宗旨是通过加强会员城市间合作、经济交流以及相互间联络等，促进经济与城市间交流的活跃发展，在环黄海地区形成新的经济圈，为东亚经济圈发展做出贡献。合作主要集中在国际经济贸易、环保、旅游、物流四个领域。1991 年以来近三十年的时间里，中韩通道两端的城市烟台、青岛、仁川等在国际经济贸易、旅游、物流等领域已进行广泛的实质性合作。2015 年发布的《愿景与行动》也明确提出“加强上海、天津、宁波—舟山、广州、深圳、湛江、汕头、青岛、烟台、大连、福州、厦门、泉州、海口、三亚等沿海城市港口建设”，在法律上赋予青岛、烟台等城市“一带一路”的重要地位，和韩国合作开展跨海通道的研究设计、规划建设，全面对接“一带一路”倡议，具备合作的基础。

（五）中国已具备铁路轮渡、海底隧道建设的基础设施和技术

中国已具备建设、运营铁路轮渡、海底隧道的技术和能力。2006 年，跨越渤海海峡的烟台—大连铁路轮渡投入运营，直线距离 106 千米，是中国第 1 条、世界上第 35 条超过 100 千米的海上铁路轮渡，运营十多年以来，取得了显著的经济效益和社会效益。海底隧道方面，中国已成功建设厦门翔安隧道、青岛胶州湾隧道、港珠澳大桥隧道、狮子洋隧道等若干重大工程，已建、在建宁波—舟山等海底隧道工程有十余项。一系列跨海工程的成功建设，为中韩跨海通道建设提供了经验借鉴和技术支撑。同时，山东省现有的港口等基础设施可以利用，无须重复建设。

五　中韩跨海通道工程方案

（一）工程方案

中韩跨海通道的工程规划设计，有近期、远期两个方案，近期方案为中韩铁路轮渡规划建设，远期方案为中韩海底隧道规划建设，两个方案均连通山东半岛和韩国西海岸，在中韩两国境内，和既有铁路线连接，实现全面联网。

中韩海底隧道的设想，由两国的学者分别提出，并进行了较长时间的研究论证，目前较为成熟的方案是由韩国京畿开发研究院等机构设计的，主要有四种线路方案（见表 6）。在韩国的登陆点分别有仁川、华城、平泽/唐津等备选方案。此外还有一个方案是在朝鲜的瓮津上岸，这是四个方案中距离最短的一个，然后通过朝鲜和韩国之间的铁路连通韩国。但该方案最终是否可行，还要取决于朝鲜半岛局势的发展。

表 6　中韩海底隧道线路方案

线路	威海—仁川	威海—华城	威海—平泽/唐津	威海—瓮津
总长（千米）	341	373	386	221
最大水深（米）	72	72	72	72
地面段（千米）	9	42.46	37.92	13.8
海底段（千米）	332.00	330.54	348.08	207.20
通风口 人工岛（个）	5	5	5	4
车站 人工岛（个）	1	1	1	—

资料来源：由韩国京畿开发研究院公布资料整理得出。

如果比较韩国的三个端点，仁川为比较好的选择。首先是因为仁川是距离中国最近的韩国城市，修建铁路轮渡、海底隧道，线路距离最短，理论上建设成本最低。此外，还有一个重要原因是仁川特殊的城市性质和优越的交通区位。仁川是韩国第二大贸易港口城市，距离首尔西仅有 28 千米，离首尔市中心也不过 40 千米，是韩国首都的西面门户、国际航空枢纽，拥有发达的铁路、高速公路、轨道交通网络体系，与周边城市交通衔接紧密。仁川也是东北亚中心城市，空中航线连通中国多个城市，海上与中国的沿海主要城市也均通航。

而中国的这一端，有两个可选方案：一是山东省威海市（可称之为北线），二是威海市属的荣成市（可称之为南线）。从距离上看，南线方案的距离比北线要略微短一点，但是目前荣成市只是一个县级城市，难以独立承担未来海底隧道的交通压力。从这个方面说，北线方案的优势较为明显，因为威海城市规模大于荣成，且已有比较成熟完善的铁路以及公路、水路（海运）、航空等交通网络，可方便快捷地实现与国内其他城市、地区交通的联网。

中韩海底隧道在长度上，比中国规划中的台湾海峡隧道略长一些，而与渤海海峡隧道比较相似。如果上述两大海峡跨海通道工程能够顺利完成，则中韩海底隧道在理论上也具有较大的可行性。因为无论是从技术方面还是从资金方面，双方都已经具有相当的积累。更重要的是，中韩隧道是一条国际隧道，不仅会促进中韩两国的交通，而且有利于推动两国的政治、经济、贸易、文化等方面的交流与发展。目前中韩自由贸易区条约已经签署，中韩海底隧道对两国自由贸易区的建设和发展也将起到重要作用。作为海底隧道的前期尝试，可先探讨开通至韩国的轮渡，因为烟台至大连的轮渡已经运营，所以完全可以利用现有条件，开辟到韩国的轮渡航线，然后在时机成熟之后，再考虑建设海底隧道。

（二）亚欧大陆桥“中干线”设想

在中国，中韩通道以烟台、威海等山东半岛城市为起点，向西延伸，有望形成一条新的亚欧大陆桥，暂命名为“中干线”（俄罗斯境内的第一大陆桥简称为“北干线”，以连云港为起点的第二亚欧大陆桥或新亚欧大陆桥简称为“南干线”）。和原有的“北干线”“南干线”相比，“中干线”缩短400~800千米，且直接连通韩国、日本等“活跃的东亚经济圈”，随后延伸到“发达的欧洲经济圈”，更有利于“发挥国内各地区比较优势，实行更加积极主动的开放倡议，加强东中西互动合作，全面提升开放型经济水平”。

亚欧大陆桥“中干线”初步构想是由韩国通过中韩铁路轮渡，在烟台、威海、青岛等沿海港口上岸，连接中国国内铁路，出阿拉山口等，到达欧洲。这一设想，也将使海上丝绸之路和陆上丝绸之路实现无缝衔接，促进“一带一路”倡议的实施。“中干线”在中国境内的铁路线路，有近期、远期两种设想。

近期设想是以山东半岛城市为起点，利用现有的铁路线路，通过蓝烟—胶济—胶新（或京沪）铁路等，在新沂（或徐州）与以连云港为起点的第二亚欧大陆桥对接会合，继续西行，到达新疆，连接中亚、西亚、欧洲等。

远期设想也是以山东半岛为起点，利用德烟—石德—石太—太中—兰新铁路等，新建一条横贯中国东中西地区，串联烟台、德州、石家庄、太原、中卫（银川）、乌鲁木齐等城市的综合交通运输大通道。目前石德、石太、兰新、太中等铁路已建成运营，德烟铁路正在建设中。

六　结论与建议

中韩跨海通道是中国“一带一路”倡议、韩国“欧亚倡议”互联互通的现实需求，也是“一带一路”建设的有效载体，连通了海上丝绸之路和陆上丝绸之路。为了加快中韩跨海通道的论证、规划和建设，推动“一带一路”发展，建议：（1）将该项目纳入中韩政府合作议程，共商“一带一路”倡议、“欧亚倡议”基础设施互联互通；（2）两国政府、科研机构等共同开展建设方案研究论证，合作开展国际综合交通运输物流体系规划建设；（3）共同探讨跨境（海）合作事宜，以通道规划建设为契机加强政治经济贸易等领域的全方位深度合作，特别是山东省的烟台、青岛和韩国仁川等OE-AED城市争取率先开展试点；（4）加强“一带一路”国内沿线省（区、市）之间的协调，探索开辟亚欧大陆桥新线路。

Study on the Construction Feasibility of China-Korea Sea-crossing under the Background of the Maritime Silk Road (the Northern Route)

Liu Liangzhong[1,2,3], *Liu Xinhua*[1,3], *He Junyan*[2]

(1. *Development Research Institute of Pan Bohai Sea, Ludong University, Yantai, Shandong, 264025, P. R. China;* 2. *School of Business, Ludong University, Yantai, Shandong, 264025, P. R. China;* 3. *Development Research Center of Pan Bohai Sea, China Society of Administrative Reform, Yantai, Shandong, 264025, P. R. China)*

Abstract: Interconnection and interworking should be strengthen among the counties at Northeast Asia in the strategy of the Belt and Road Initiatives. As a Northern Routes of the Maritime Silk Road, China and South Korea has the necessity and feasibility to construct a cross-seaing connecting the east coast of Shandong Peninsula and the west coast of Korea. Two programs were proposed, near-term with a railway ferry and long-term with a subsea tunnel. At last, proposed that: (1) include the cross-seaing within a government cooperation and consultation category between the two countries; (2) collaborate project study; (3) explore cross-border cooperation (sea), especially Yantai, Qingdao, Incheon should carry and try which located at the endpoint of the channel; (4) co-ordinate the related provinces of the Belt and Road Initiatives, strive to open up a new Asia-Europe Continental Bridge; (5) bring the passageway into the strategic plan of the Belt and Road Initiatives, connect both the maritime and overland Silk Roads.

Keywords: Sea-crossing; Subsea Tunnel; Railway Ferry; the Belt and Road Initiatives; Silk Road

（责任编辑：谭晓岚）

天津海洋经济高质量发展影响因素研究*

张文亮　聂志巍　赵　晖　张靖苓**

摘　要　习近平总书记多次做出加快建设海洋强国的战略部署，提出"海洋是高质量发展战略要地"。海洋经济作为海洋强国建设的应有之义，必须在高质量发展上做足文章，且关键要提高海洋经济发展质量和效益。本文以判别天津海洋经济高质量发展的影响因素为根本，从海洋经济发展现状入手，在与其他沿海地区发展进行比较的基础上，对天津海洋经济发展的优势、劣势、机遇、挑战等方面进行深入分析，梳理其重点影响因素并找出各因素之间的内在联系，在此基础上提出做好天津海洋经济高质量发展研究的努力方向，为政府部门科学管理海洋经济发展提供参考。

* 本文为中国海洋发展研究会基金项目"新时代海洋经济高质量发展研究——以天津为例"（项目编号：CAMAJJ201811）中间成果。

** 张文亮（1984～），男，硕士，天津市渤海海洋监测监视管理中心高级工程师，主要研究领域为海洋经济、海洋生态、海洋战略；聂志巍（1984～），男，学士，天津市渤海海洋监测监视管理中心工程师，主要研究领域为海洋经济、海洋信息、海洋统计；赵晖（1984～），女，硕士，天津市渤海海洋监测监视管理中心经济师，主要研究领域为海洋经济、海洋统计、海洋科技；张靖苓（1987～），女，学士，天津市渤海海洋监测监视管理中心经济师，主要研究领域为海洋经济、海洋统计、海洋管理。

关键词 海洋经济 海洋科技 海洋强国 三次产业 环渤海区域

海洋是潜力巨大的资源宝库，也是支撑未来发展的战略空间，随着经济全球化不断深入，海洋正在成为连通世界的蓝色纽带，海洋经济已逐渐引起世界各国越来越多的关注。① 2013 年 7 月 30 日，习近平总书记在中共中央政治局第八次集体学习会上就建设海洋强国战略发表重要讲话，提出“四个转变”的具体要求，其中特别强调“着力推动海洋经济向质量效益型转变”；在党的十九大报告中进一步明确提出“坚持陆海统筹，加快建设海洋强国”的战略部署②；在 2018 年十三届全国人大一次会议上强调“海洋是高质量发展战略要地”。由此可见，海洋事业已成为中国提升综合国力的重要抓手。

天津作为沿海超大型城市，如何抓住有利契机，充分发挥各种优势，融入建设海洋强国的战略大格局中，高质量发展海洋经济，提高海洋经济发展水平，加快建设海洋强市，充分发挥环渤海区域海洋中心城市的作用，是摆在当前的一个重要课题。首要的就是找准影响海洋经济高质量发展的关键因素所在，为明确今后高质量发展的方向和对策精准定位发力点，也为建设现代化经济体系打造新亮点、培育新动能，全力打造海洋经济高质量发展的“样板”。

一 天津海洋经济发展现状

天津海洋资源丰富，为其海洋经济发展提供了优越的条件。近年来，随着经济社会发展的不断加快，海洋在城市发展中的地位日

① 程娜：《中外海洋经济研究比较及展望》，《当代经济研究》2015 年第 1 期。

② 李宏：《海洋经济高质量发展的路径选择》，《山东广播电视大学学报》2018 年第 3 期。

渐提高，海洋经济俨然成为推动天津经济社会发展的新亮点，为天津建设海洋强市奠定坚实基础。

（一）天津海洋经济发展历史悠久，产业门类众多

天津海洋产业发展历史悠久，门类齐全，优势突出。天津海洋化工业远近闻名，在全国行业发展中优势明显。例如，作为行业的“龙头”，永利碱厂生产出畅销海内外的拳头产品——“红三角”牌纯碱。海洋盐业发展历史绵延，长芦盐场的盐产量在全国名列前茅，制盐业也成为天津海洋文化的一个标志。海水淡化成为有效解决水资源短缺问题的重要途径。天津作为全国海水淡化产业发展的试点城市，海水淡化研发能力和技术成果居国内领先水平。[①] 根据《海洋及相关产业分类》，天津拥有 11 个主要海洋产业，其中，海洋优势产业不断发展壮大，海洋传统产业正在积极进行技术改造提升，海洋新兴产业方兴未艾，展现朝阳产业的态势。[②]

（二）天津海洋经济发展地位显著，政策优势明显

天津作为京畿门户、环渤海区域的中心，拥有临海近都的先天优势，是中国北方地区乃至全国极具战略意义的出海口，海洋经济发展优势明显，主动融入“一带一路”和京津冀协同发展战略，对外开放程度进一步深化。近年来，国家和本市海洋经济一系列规划政策的出台实施，有效提升了天津市的海洋综合发展水平。2013 年 9 月，国家发改委正式批复实施《天津海洋经济发展试点工作方案》，天津成为全国第五个海洋经济发展试点地区，建立了全国海洋科学发展示范区，推动了海洋经济蓬勃发展；2018 年国家发展

---

① 薄文广、孙元瑞、左艳等：《天津市海洋资源承载力定量分析研究》，《中国人口·资源与环境》2014 年第 S3 期。魏仲：《天津海洋经济发展规划与实现路径》，《港口经济》2013 年第 11 期。

② 全国海洋标准化技术委员会：《海洋及相关产业分类》，中国海洋出版社，2006，第 5 页。

改革委、自然资源部联合发文，明确提出在天津设立临港海洋经济发展示范区，海洋经济已成为天津加快实现高质量发展的重要一环。

（三）天津海洋经济发展前景广阔，结构布局优化

2006 年迄今，天津海洋经济保持较好的发展势头，海洋生产总值保持总体上升态势，海洋产业发展平稳有序，2017 年海洋生产总值达到 4646.6 亿元，较 2006 年，按照可比价格计算，平均增长速度为 11%。2006～2017 年，海洋经济总体上呈现增长的趋势（见图 1），其中，2016 年迄今，由于国民经济形势严峻，总体增速放缓，加之海洋产业均在天津滨海新区，而该区按统计口径进行调整，所以海洋生产总值略有下降。从海洋经济结构看，第三产业比重不断提高，产业结构不断升级，海洋经济呈现向科学发展方向转变的趋势。初步核算，2017 年，天津海洋三次产业增加值占海洋生产总值的比重分别为 0.2%、46.4% 和 53.4%。

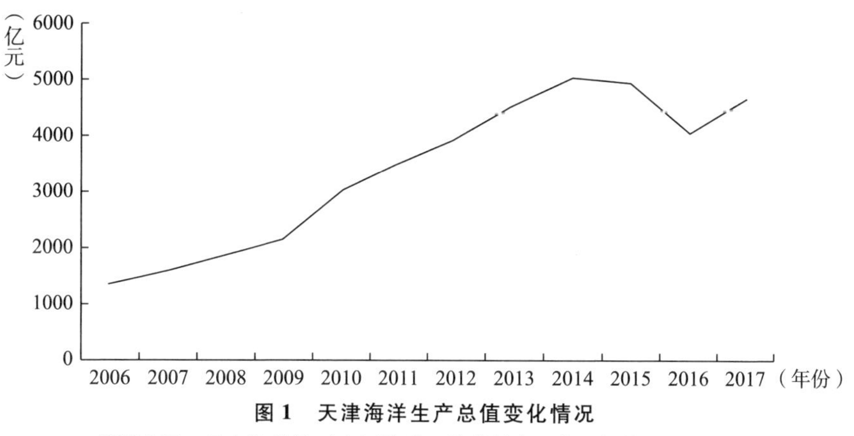

图 1　天津海洋生产总值变化情况

资料来源：国家海洋局《中国海洋经济统计年鉴》，海洋出版社，2006～2017。

二　天津与其他沿海地区发展现状比较

天津作为中国北方沿海超大型城市、环渤海区域中心，在海洋

经济发展方面不仅拥有得天独厚的优势，而且近年来展现出突飞猛进的发展态势。为了更加科学、客观地剖析天津海洋经济发展情况，从全国海洋经济发展大局的角度，选择辽宁、上海作为参照对象，与天津进行海洋经济发展的全方位比较，以更高的站位、更广的视角看待天津海洋经济发展的客观实际。以下对比，均以 2016 年数据为基础，数据来源为《中国海洋统计年鉴 2017》。

（一）选择依据

为了更好地进行对比，选择辽宁、上海作为比较对象，主要考察以下三方面。

一是地理位置。辽宁毗邻渤海和黄海，海域区位优越。作为中国最北部的沿海省份，辽宁扮演着辐射东北亚、参与“一带一路”建设的重要角色，其毗邻辽东湾，与天津共同处于环渤海区域，具有可比性。上海是中国第一大经济体，在全国 4 个直辖市中，天津、上海均作为沿海直辖市，天津位于京津冀区域中心，上海位于长三角区域中心，津沪两地形成南北地区沿海直辖市的代表，从上述角度看，津沪两地可以形成鲜明的对比。

二是战略定位。辽宁充分抓住各种发展契机，特别是沿海地区利用有利条件，积极实施海洋开发战略，海洋发展成果不仅惠及东北地区，而且辐射中国北方地区乃至全国。上海是中国经济最发达的沿海城市，也是中国海洋经济发展较具实力的城市之一，近年来，上海海洋经济总量保持持续增长态势，正在加快建设全球海洋中心城市。天津作为环渤海经济区的中心，海洋经济在城市发展中的地位越发重要，成为经济社会发展的重要增长点。

三是发展前景。随着振兴东北老工业基地战略的深入实施，作为东北地区的重要沿海省份，辽宁将在发展经济、扩大开放、提升区域竞争力方面发挥不可估量的作用。上海不只作为全国经济中心，更向着东亚、全亚洲甚至世界经济中心的目标去努力，在全球经济发展中占领一席之地。天津正处在重要的历史性窗口期，特别是在落实京津冀协同发展战略、“一带一路”倡议方面不断加快步伐，充分利用有利条件，挖掘内生动力。

（二）全面比较

纵观各地区的海洋经济发展情况（见表1），辽、沪、津三地海洋经济发展特点各异、各有优势，通过比较，辽、沪两地在发展海洋经济方面有诸多值得学习和借鉴的经验。具体情况如下。

辽宁在海洋生产总值占比地区生产总值比重方面较沪、津略低，主要是因为辽宁作为一个大省，沿海城市仅占全省的一部分，同时，辽宁作为渔业大省，在海洋第一产业占比超过10%的前提下，海洋第三产业的比重亦超过50%，由此可见，辽宁在海洋经济发展中非常重视质量和效益，对于海洋第二产业特别是传统产业，其占比在逐渐降低，更加注重发展低能耗高收益的现代服务业，海洋产业结构不断优化。此外，辽宁人均水资源占比在三个地区中最高，从侧面反映其发展的条件优势。总体看来，辽宁正在高质量发展的道路上跨越前行。

上海海洋生产总值占地区生产总值的比重最高，凸显海洋经济发展在上海城市发展中的重要地位，也从侧面反映出上海市委、市政府对于发展海洋经济和海洋事业的高度重视。从三次产业比重看，海洋第三产业占海洋生产总值的比重最高，几乎达到了第二产业的2倍，符合现代国际化大都市经济发展的水平，进一步彰显上海海洋经济发展的高质量。随着洋山港成为自动化码头的样板，以及一系列旅游设施的不断完善，海洋现代服务业实现了突飞猛进的发展。此外，R&D人均经费内部支出反映海洋科技创新能力，直接反映海洋经济发展的内在质量，从这一指标看，上海的优势异常明显。总体看来，上海正在向建设全球海洋中心城市的目标努力，其海洋经济发展将扮演越发重要的角色。

与辽、沪两个地区相比，天津海洋生产总值占地区生产总值的比重仍较高，体现作为一个沿海超大型城市的海洋特色，但从三次产业比重看，海洋第二产业比重仍然偏高，尤其是传统制造业的发展规模依然较大，同时人均水资源占比在三个地区中最低，反映天津水资源仍然匮乏，发展海水淡化很有必要。此外，反映海洋经济发展质量的R&D人均经费内部支出在三个地区亦最低，可见在优化海洋产业结构、提升海洋经济发展水平方面，天津需要加大力度。然而天津的海洋教育具有一定优势，海洋专业本科及以上毕业率最高，能够为海洋经济高质量发展输送和储备专业人才。

表1　辽、沪、津三地海洋经济发展情况

地区	海洋生产总值占地区生产总值比重（%）	海洋三次产业比重	工业废水直排入海率（工业废水直排入海量/工业废水排放总量）（%）	地区人均水资源占比（地区人均水资源量占全国人均水资源量的比重）（%）	R&D人均经费内部支出（千元/人）	海洋专业本科及以上毕业率（海洋专业本科及以上毕业生数/海洋专业本科及以上学生数）（%）
辽宁	0.15	12.7∶35.7∶51.6	0.259	0.321	0.667	0.255
上海	0.265	0.1∶34.4∶65.5	0.209	0.107	1.169	0.235
天津	0.226	0.4∶45.4∶54.2	0	0.052	0.527	0.264

三　目前天津海洋经济发展的分析研判

基于天津、辽宁、上海等沿海地区海洋经济发展状况的对比，采用SWOT方法对天津海洋经济发展情况进行系统分析，研判其发展的优势（Strength）、劣势（Weakness）、机遇（Opportunity）和挑战（Threat）。[①] 该方法能够以宏观视角，基于现实情况进行战略分析和决策，其中，优势和劣势用于分析内部环境，机遇和挑战用于分析外部环境。采用SWOT分析方法研判天津海洋经济发展的内外部环境条件，能够将与天津海洋经济发展密切相关的各要素进行细

① 刘新华：《中国发展海权的战略选择——基于战略管理的SWOT分析视角》，《世界经济与政治》2013年第10期。

化和梳理，并进行通盘分析，为科学制定海洋经济发展战略政策提供依据。

（一）优势

海洋经济发展总量较大。天津海洋经济发展前景广阔，结构布局优化空间较大。2017 年，天津实现海洋生产总值 4646.6 亿元，增速约为 14.8%，成为全市经济的重要增长点。近年来，海洋生产总值占地区生产总值的比重约为 30%，海洋经济发展总量不断增长，已成为全市经济的重要增长点。值得一提的是，单位岸线产出规模总体约为 30 亿元，在全国沿海省（区、市）中名列前茅。海洋第三产业比重显著提高，在海洋生产总值中占比超过 50%，海洋油气业、海洋化工业、海洋交通运输业、滨海旅游业等优势产业进一步做大做强，海洋渔业、海洋盐业、海洋船舶工业等传统产业加快转型，海水利用业、海洋生物医药业、海洋可再生能源利用业等战略性新兴产业不断壮大，形成了良好的发展局面。

海洋科技基础优势明显。一大批国家级科研院所坐落在天津，海洋科技创新力居全国前列。海洋科技引领作用有效发挥，形成一批具有国际国内先进水平和自主知识产权的海洋科技成果。“十三五”以来，形成发明专利、实用新型专利等知识产权 300 余项，目前省部级以上海洋重点实验室、工程中心、研发中心达到 33 家，培育产生海洋领域科技小巨人企业 58 家，成为推动海洋产业发展的核心带头力量。海洋人才不断涌现，海洋教育方兴未艾。引进和培养一批海洋领军型人才，海洋专业人才持续增加，目前全市共有涉海院校 8 所，涉海专业 17 个，海洋科研和海洋教育拥有良好的基础。

海洋资源开发潜力巨大。海洋资源开发利用水平是一个国家实施海洋战略、科学发展海洋事业的重要体现，是建设海洋强国的应有之义，也是发展海洋经济的必要条件。发展海洋经济有利于孕育新产业，增创新优势，引领新增长，提升海洋经济发展在构建现代化经济体系中的地位。天津作为首都的“护城河”、向海之门，海洋资源较为丰富，主要包括海岸线资源、港口资源、油气资源、盐业资源、生物资源、旅游资源、湿地资源（见表2），为海洋经济发展提供了良好条件和坚实基础。

表2　天津海洋资源基本情况

序号	资源种类	资源情况
1	海岸线资源	天津海岸线长度为153.67千米，海岸线类型为堆积型平原海岸，即典型的粉砂、淤泥质海岸
2	港口资源	天津拥有中国北方最大的人工港——天津港，天津港主航道和码头等级均保持30万吨级，复式航道实现“双进双出”
3	油气资源	天津附近海域石油、天然气资源丰富，已探明石油储量超过1.9亿吨，天然气储量638亿立方米
4	盐业资源	天津自古以来就是著名的盐产地，年平均盐度为28.4‰，成盐质量高，有盐田面积338平方千米，海盐年产量超过240万吨
5	生物资源	天津毗邻的海域是重要的海洋经济水产物种的繁育区，渤海湾海洋生物种类约有170种，其中，天津渔业资源种类有80多种
6	旅游资源	天津有辽阔的海域、河湖水面，洼地众多，河流纵横，有遗迹古海岸贝壳堤等自然旅游资源，有大沽炮台群、观音寺等人文旅游资源
7	湿地资源	天津滨海湿地主要分布于滨海新区的汉沽、塘沽和大港近海及海岸湿地，目前海岸湿地面积接近全市湿地总面积的30%

资料来源：《天津市人民政府关于印发天津市海洋主体功能区规划的通知》，https://www.lawxp.com/statute/s1796778.html，最后访问日期：2020年1月10日。国家海洋局《中国海洋统计年鉴》，海洋出版社，2007～2017。

（二）劣势

海洋生态环境问题依然突出。海岸线、近岸海域资源环境保护形势较为紧张，生态保护依然任重道远。海洋资源的劣势是海岸线不长、管辖海域面积小，尤其是随着工业化进程加快，近岸海域生态环境质量问题突出。2017年，天津近岸海域符合第一类和第二类海水水质标准的海域面积较2016年下降了16个百分点，三类、四类和劣四类水质比例分别为39.3%、18.7%、15%。海洋环境污染防治相对陆域污染治理更为复杂。一方面，环渤海区域作为中国经济较为发达的区域之一，经济发展带来的压力较大，尤其是天津沿海地区位于河海、陆海多个自然地理单元的交叉点，人口众多且密度较大，产业形态多样且集聚发展，经济社会发展面临多重压力，给生态系统健康带来一定程度的影响。[①] 另一方面，天津地处渤海湾底，水动力交换不足，海水循环周期较长，污染物扩散程度较差，加之海洋污染主要来自陆地，海洋环境质量受陆域环境质量影响较大。

海洋产业结构不尽合理。海洋产业层次偏低，海洋传统产业规模依然较大，在海洋产业结构中仍占主导，部分产业产能过剩，而体现高技术、高附加值的海洋新兴产业发展相对缓慢。总体来看，当前的海洋产业结构与海洋经济高质量发展的目标还有一定的差距，海洋产业结构与地区经济整体结构衔接程度不高。目前，海洋主导产业主要是海洋油气业、海洋化工业、海洋交通运输业等传统海洋产业，海洋新兴产业如海水利用、海洋生物医药、海洋再生能源利用等发展规模一直未能实现质的飞跃。据不完全统计，2017年，天津海水利用业、海洋生物医药业增加值占海洋生产总值的比重分别为0.034%、0.00065%。从历史上看，天津作为北方大型工业化城市，依靠自身优势条件，第二产业成为海洋经济发展的支柱，而海洋服务业发展尚未能与天津海洋强市的地位相匹配，可见天津海洋产业结构仍需要进一步优化。

海洋科技成果转化率不高。海洋科技创新平台的发展水平还不高，科技成果转化和产业化速度还没有跟上海洋经济发展的节奏，产学研用相结合的体系还有待进一步完善。全市海洋自主创新能力低，海洋领域R&D经费投入强度依然不高，据统计，2016年全市海洋科研经费投入为15.92亿元，占海洋生产总值的比重仅为0.4%。目前，海洋科技对海洋经济的支撑和引领作用还没有充分发挥，科技贡献率还不够高，海洋技术自主创新能力不强，特别是关键、核心技术的研发力度相对较小，能够填补技术空白、在国际上有较强影响力的科技成果还不多。同时，政府、社会等多方面向

① 王泽宇、崔正丹、孙才志等：《中国海洋经济转型成效时空格局演变研究》，《地理研究》2015年第12期。

海洋科技的投资机制还有待完善，海洋高端人才还不能满足发展需要，一定程度上制约了海洋科技成果转化的步伐。

（三）机遇

发展环境向好有利。2018年全国海洋工作会议提出，新时代海洋工作要"进一步聚焦促进海洋经济发展，坚持新发展理念，提高海洋经济管理能力，加强海洋科技创新，深化海洋领域供给侧结构性改革，培育海洋战略性新兴产业，不断夯实建设海洋强国的物质和能力基础"①，为今后海洋经济发展指明了前进方向。党中央、国务院高度重视海洋强国建设，在全国"十三五"规划纲要中，将"拓展蓝色经济空间"列为专章，进而为天津未来进一步享受海洋经济优惠政策留下了空间。天津市委、市政府始终将海洋经济发展作为提升城市发展水平的关键一环，将海洋经济和海洋事业纳入全市经济和社会发展"十二五"和"十三五"规划，并将"十二五"和"十三五"海洋经济和海洋事业发展规划纳入全市重点专项规划，多部门联合制定出台支持海洋经济发展的四个专项规划（包括海水资源综合利用、海洋工程装备、海洋生物医药、海洋服务业）和七项优惠政策（包括用海、科技、教育人才、财政、土地、金融、产业指导目录），进一步营造良好的发展环境。

发展机遇前所未有。天津作为环渤海区域的中心城市，正处在京津冀协同发展、自由贸易试验区建设、国家自主创新示范区建设、"一带一路"建设和滨海新区开发开放等多重战略机遇叠加的黄金发展期，特别是作为"一带一路"重要海上支点，天津将在开放发展、合作共赢方面精准发力，将海洋经济作为落实新发展理念的重要渠道、打造外向型经济的关键。特别是京津冀协同发展战略深入实施，给海洋经济发展提供更广阔的空间。习近平总书记对天津工作提出的"三个着力"重要要求，首先就是要提高发展质量和

① 国家海洋局战略规划与经济司：《加快推动海洋经济高质量发展》，《中国海洋报》2018年2月23日，第1版。

效益。2019 年初，习近平总书记亲临天津视察并主持召开京津冀协同发展座谈会，再一次对京津冀协同发展做出明确部署。海洋作为京津冀的联动资源，在产业协同、基础设施协同、环保协同等方面发挥了至关重要的作用，今后将进一步紧抓良好机遇，谋划京津冀海洋产业的创新联动发展，避免同质化和恶性竞争，以充分发挥各地的条件优势和比较优势。

陆海统筹战略实施。党的十九大提出坚持陆海统筹，从陆海一体化视角加强对海洋经济的重新定位，特别是随着陆海经济一体化程度的加深，能够更加深入地从空间层面统筹谋划海洋经济的发展，进一步优化海洋产业发展的空间布局。陆海两大系统整合成新的陆海经济系统，将成为陆海统筹战略加快实施的重要着力点。随着陆海统筹战略实施进入“深水区”，打破传统的陆域经济在陆上、海洋经济单独搞的思维定式，已是大势所趋，新时代海洋经济将与陆域经济实现融合发展，作为国土空间规划中反映陆海统筹理念的重要内容。同时，陆域生态环境和海洋生态环境亦进行统筹管理，借助机构改革的“东风”，真正从“一盘棋”的角度，落实陆海生态环境的管控要求，为陆海统筹战略、陆海经济发展保驾护航。

（四）挑战

总体经济形势严峻。近年来，天津经济发展形势不容乐观，地区生产总值和增速呈现疲软状态。2018 年天津的地区生产总值增长率全国最低，实际增速仅为 3.6%，而名义增速更低，仅为 1.38%。[①] 经济发展大环境对海洋经济发展将产生一定的负面影响，将不可避免地影响投资环境，降低天津产业发展的竞争力。同时，国家发出关于全面禁止围填海活动的指令，倒逼天津必须做好海域资源开发利用的“消库存、控增量”工作，坚决杜绝新增围填海。鉴于此，天津海洋经济发展的空间不可避免地受到限制，进而必须从提高发

① 《全国 GDP 排行：天津增速全国倒数第一》，http://www.sohu.com/a/292443233_689129，最后访问日期：2020 年 1 月 12 日。

展质量和效益上着手发力，针对围填海由“总量控制”向“去库存”转变的现状，在成陆区域尽快引进落位循环、低碳、绿色的发展项目，充分利用有限空间，发挥最大效益，彻底改变海洋产业粗放式发展的模式。

市场驱动动力不足。经济发展的劳动力、技术、资金三要素在海洋经济中体现得尤为明显。而随着供给侧结构性改革的深入推进，传统产业的高成本劳动力作用将进一步削弱，取而代之的是高新技术和金融资金投入的新变化，而这两方面更是受市场因素影响最大的。市场在资源配置中起决定性作用，市场经济的驱动力成为海洋经济发展的新动能，海洋战略性新兴产业作为朝阳产业，市场需求不断扩大，而海洋传统产业市场需求萎缩，存在落后、过剩产能。同时，海洋新兴产业特别是高新技术产业，在技术和资金的投入方面面临有效管理不到位和辅助政策不配套等问题，其发展后劲不足，一定程度上影响市场的驱动。

开发与保护矛盾凸显。海洋经济高质量发展的关键就是加快海洋生态文明建设，重中之重是科学处理海洋开发与海洋保护之间的关系，即平衡海洋经济发展与海洋生态环境保护的利益冲突，实现海洋经济与海洋生态的和谐统一。天津沿海地区的临港、南港为海洋重工业产业集聚区，特别是海洋重化工产业集聚化发展的南港，其海洋环境问题和安全问题成为亟待解决的问题。重化工企业在沿海地区密集分布，不可避免地会对海洋资源和生态环境造成破坏，尤其是部分企业生产的污染物排入海洋，直接导致近岸海域水质恶化、海洋生物栖息地被破坏、海洋生态系统受损等负面结果，进而导致海洋经济发展质量和水平的降低。可见，海洋的开发与保护之间的矛盾随着经济社会的不断发展越发凸显。

四　天津海洋经济实现高质量发展的重点影响因素

从上述分析可以看出，实现海洋经济的高质量发展，必须从外部和内部两方面同向发力、同时发力，从多方面、多层次、多角度解析重点影响因素。天津海洋经济高质量发展主要涵盖10个重点影响因素（见表3）。其中，外部因素主要包括国际环境、国内环境、区域环境、战略政策、管理措施，内部因素主要包括产业结构、发展布局、节能减排、生态保护、科技创新。同时，对影响海洋经济高质量发展的各重点因素进行逻辑关系的分析，找出各因素之间的内在联系，以便于更加直观地对影响因素进行明确研判（见图2）。

表3　天津海洋经济高质量发展重点影响因素解析

分类	重点因素	主要方面	具体内容
外部因素	国际环境	“一带一路”建设	建设开放包容的现代化大都市，主动融入“一带一路”国际合作
		东北亚经济圈发展	发挥中蒙俄经济走廊主要节点和海上合作战略支点作用
	国内环境	政府高度重视海洋经济	习近平总书记提出建设海洋强国战略，海洋经济是其中的重要一环，天津市委、市政府出台支持海洋经济发展的规划和政策
		注重发展的质量与效益	以供给侧结构性改革为主线，坚持海洋经济质量第一、效益优先，促进新旧动能转换
	区域环境	京津冀协同发展	发挥天津的港口优势，利用无水港无缝接驳京津冀区域腹地，促进三地产业协同
		环渤海大湾区建设	发挥环渤海区域产业、科技、人才等方面的优势，加快环渤海经济带开发建设
	战略政策	总体发展战略规划	国家和天津均将海洋发展纳入经济和社会发展规划，分别出台海洋经济发展专项规划
		金融创新政策	拓宽海洋经济多元化融资渠道，2018年12月，天津正式设立首只海洋经济发展产业引导基金
	管理措施	海洋经济管理体制机制	发改委及工信、海洋等多部门联合管理海洋经济，给予政策支持和资金投入
		海洋经济监测评估	开展海洋经济运行监测评估业务化运动，实施第一次全国海洋经济调查

续表

分类	重点因素	主要方面	具体内容
内部因素	产业结构	三次产业比例	降低第二产业比重，大力发展第三产业，进一步提高第三产业比重
		产业转型升级	培育壮大海洋新兴产业，特别是高新技术产业，改造升级传统产业
	发展布局	陆海联动效应	践行陆海统筹战略部署，充分利用陆海资源协同发展海洋产业
		集约发展空间	优化沿海空间发展布局，加快海洋产业集聚区建设，延伸产业链
	节能减排	清洁能源使用	加快海洋可再生能源利用，提高清洁能源使用率，降低石化等传统能源使用率
		排污总量控制	落实陆源入海污染物排放总量控制制度，加强入海排污口监控和近岸海域综合治理
	生态保护	自然资源养护	保护近岸海域资源，特别是渔业资源，加强自然和特别保护区建设
		生态整治修复	加强海岸线整治修复，确保自然岸线不低于 18 千米，实施近岸海域生态修复工程
	科技创新	技术研发攻关	加强海洋关键、核心技术攻关，提高自主创新能力，培育创新型人才
		成果转化应用	推进产学研用一体化，加快科技成果转化和产业化，搭建成果应用平台

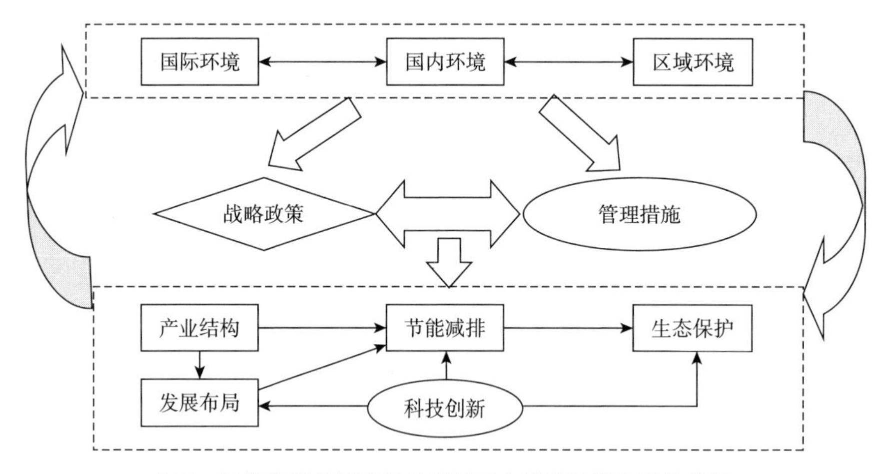

图 2　天津海洋经济高质量发展重点影响因素之间的关系

五　天津海洋经济高质量发展研究的努力方向

为确保天津海洋经济真正实现高质量发展，需要在目前分析研究影响因素的基础上，结合天津海洋经济发展实际，有针对性地开展一系列相关研究，为天津市委、市政府制定出台海洋经济高质量发展的战略政策提供参考。可具体做好以下几方面工作。

（一）深刻理解发展内涵实质

站在全局的战略高度，从海洋经济总体发展情况入手，准确把握天津海洋经济高质量发展的核心要义与本质要求，深刻理解海洋三次产业的结构关系、海洋经济发展的主要模式、海洋经济发展的总体格局、海洋经济与海洋生态环境的协调关系等，以实现“生态＋海洋”的理念为指导思想，以促进新旧动能转换、培育绿色新动能为切入点，科学处理海洋优势产业、战略性新兴产业、传统产业之间的发展关系，将提高海洋经济发展质量效益、推进海洋生态文明建设、实施海洋科技创新驱动、探索开放共享发展模式作为实现海洋经济高质量发展的重要着力点。

（二）科学设计评价指标体系

将海洋产业、海洋生态、海洋环境、海域使用、海洋科技、海洋教育、海洋公益、海洋文化、海洋宣传等方面与海洋经济发展进行统筹研究，建立适合天津发展实际、满足发展需要的海洋经济高质量发展框架。在此基础上，对天津海洋经济高质量发展主要内涵进行细化和解析，将海洋经济、海洋生态、海洋科技等指标作为高质量发展评价体系的重点，建立一套全面、系统、可量化、反映海洋生态文明建设程度的天津海洋经济高质量发展评价指标体系，以有利于管理部门更加直观地掌握海洋经济发展的实际情况，并做出科学、客观的决策。

（三）创新优化监测评估方法

以海洋经济高质量发展评价指标体系为核心，以当前海洋经济运行监测与评估业务体系为基础，将海洋经济高质量发展内涵的主导思想融入海洋经济运行监测评估的业务化体系中，将海洋经济高质量发展评价指标作为海洋经济运行监测评估的重点指标。同时，利用海洋经济高质量监测评估指标，对海洋经济监测评估方法进行完善、优化，将当前的运行监测评估指标与高质量发展评价指标有机结合，把高质量发展评价指标作为监测评估体系中的重点考量因素，以此建立一套能够准确反映海洋经济高质量发展程度的监测与评估方法，实现对现有监测与评估方法的优化。

（四）研究制定发展对策措施

根据天津海洋经济高质量发展评价指标体系，结合天津海洋经济发展现状，从宏观角度提出推动天津海洋经济高质量发展的战略对策，并与国家关于海洋经济发展的一系列规划战略政策进行有效衔接，确保天津海洋经济发展能够积极争取到国家的战略政策支持。另外，为确保海洋经济高质量发展战略对策的落实落地，真正让高质量发展理念发挥实际作用，研究提出切实可行、行之有效、操作性强的促进天津海洋经济高质量发展的具体措施，力争使其成为管理部门高效管理海洋经济事务的指导性意见。

Study on the Influencing Factors of High Quality Development of Marine Economy in Tianjin

Zhang Wenliang, Nie Zhiwei, Zhao Hui, Zhang Jingling

(Tianjin Bohai Marine Monitoring and Surveillance Management Center, Tianjin, 300480, P. R. China)

Abstract: Central Committee General Secretary Xi Jinping made many strategic plans to speed up the construction of a maritime power. Now he puts forward that "the ocean is the key to the development of high quality development". As the proper meaning of building a maritime power, the marine economy must make full contributions to the development of high quality that is the key to improve the quality and efficiency of marine economic development. Based on the identification of the influencing factors of the high-quality development of Tianjin's marine economy and starting from the current situation of the development of marine economy, this paper compares with the development of other coastal areas, then makes an in-depth analysis of the advantages, disadvantages, opportunities, challenges and other aspects of Tianjin's marine economic development. Especially it is much important to comb out the key influencing factors and find out the internal relations among them. At last this paper puts forward to do a good job in the research direction of high-quality development of Tianjin's marine economy which contributes to provide reference for the scientific management of marine economic development by government departments.

Keywords: Marine Economy; Marine Science and Technology; Sea Power; Three Industries; Bohai Rim Region

（责任编辑：孙吉亭）

中国环渤海湾区主要城市绿色全要素生产率时空变化及影响因子分析[*]

冯 剑 田相辉 曹艳乔[**]

摘 要：基于2005～2016年中国环渤海湾区主要城市面板数据，本文采用超效率SBM模型，以城市环境主要污染物排放指数作为非期望产出，测算中国环渤海湾区主要城市绿色全要素生产率（GTFP）的时空演变，并从生产要素投入与产出要素松弛值入手分析其演变原因。研究表明：北京、青岛、烟台、天津、大连、石家庄、唐山、秦皇岛GTFP数值相对较高，波动幅度较大；济南、威海、东营、保定、沈阳的GTFP数值相对较小，波动幅度较小。不同程度的劳动投入冗余、资本投入冗余、能源投入冗余、GDP产出超量与污染排放冗余

* 本文为教育部人文社会科学研究青年基金项目“中国城市集聚经济的创业效应研究:效应识别、机制分析与政策建议”(项目编号：19YJC790123)、青岛市社会科学规划研究项目“乡村振兴背景下的青岛地区农民工返乡创业政策效应研究”（项目编号：QDSKL1901164)、青岛农业大学高层次人才科研基金项目“‘一带一路’倡议对干湿地区绿色全要素生产率影响路径分析与实证检验——基于实地调研数据”（项目编号：6631120703)、青岛农业大学高层次人才科研基金“企业全要素生产率提升的金融支持研究”（项目编号：6631120704）中间成果。

** 冯剑（1989～），女，博士，青岛农业大学经济学院讲师，主要研究领域为资源开发与国民经济可持续发展；田相辉（1981～），男，博士，青岛农业大学经济学院副教授，主要研究领域为区域经济发展；曹艳乔（1980～），女，博士，青岛农业大学经济学院经济与统计教研室主任、讲师，主要研究领域为产业经济。

水平是环渤海湾区主要城市 GTFP 产生波动的原因。

关键词 环渤海湾区　绿色全要素生产率　污染指数　超效率 SBM 模型　海洋经济

湾区城市具有独特的海洋资源和生态环境，是中国自改革开放以来经济优先发展的聚集区域。环渤海湾区是中国继“珠三角”与“长三角”之后的第三大经济增长极，是与“粤港澳”大湾区和“沪杭甬”大湾区并列的，环绕京津冀与渤海湾建立的“环渤海”大湾区经济城市群。环渤海湾区承南起北、贯通东西，是中国北方地区对外开放的门户，在中国三大湾区中有着重要的战略地位。目前，其湾区经济面临从外延粗放模式向内驱高效增长模式的重要转型，综合考虑，经济发展需求与资源环境效应是其追求经济可持续增长的必然要求。绿色全要素生产率（GTFP）是可以综合考量资源、资本等生产要素投入效率与期望经济产出、非期望环境污染排放水平的指标，可以有效衡量区域经济可持续增长水平。因此，以GTFP为衡量指标，研究环渤海湾区城市 GTFP 的变化原因，对衡量环渤海湾区城市可持续发展水平、探究环渤海城市经济可持续增长路径具有重要意义。

一　文献综述

环渤海湾区经济的可持续增长对中国经济发展具有重要战略意义。部分学者单纯从经济发展角度探究环渤海湾区城市发展潜力。刘容子与吴姗姗探讨了环渤海沿海地区经济发展、资源衰竭、环境污染忧患等问题，认为可持续发展是环渤海各省市经济发展的必然选择。①

① 刘容子、吴姗姗：《环渤海临海区域经济发展态势与忧患》，《中国人口·资源与环境》2008 年第 2 期。

刘孝斌和钟坚综合比较了 2004 ~2015 年粤港澳、杭沪甬、环渤海三大湾区 44 个城市的金融资本产出效率，认为环渤海湾区的金融资本产出效率具有较好的均衡性，其人均固定资产投资已超越粤港澳湾区，实现了固定资产投资的急剧扩张。[①] 部分学者尝试建立海洋经济可持续发展评价体系，对环渤海湾区城市经济可持续发展水平进行评价。伏捷等基于海洋生态经济脆弱性与协调性构建生态经济系统评价体系，认为环渤海地区海洋生态经济系统脆弱性波动降低，社会、经济、生态子系统协调性升高。[②] 狄乾斌等从社会、经济、生态三个层面构建了环渤海城市发展时空协调度评价体系，用以评估环渤海湾城市群的经济发展质量，认为大连、青岛、烟台、威海等城市具有较高的协调等级稳定度。[③] 孙才志等以胁迫性、敏感性、弹性、适应性为基础构建海洋经济系统脆弱性评价体系，对环渤海地区海洋经济体系脆弱性的时空演变进行分析，认为 2000 ~2015 年大连、青岛、威海的海洋经济系统脆弱性增强，其他城市减弱或不变。[④] 还有部分学者利用全要素生产率对环渤海湾区的经济可持续增长进行了评估。纪建悦和王奇利用随机前沿模型对中国三大海洋经济区全要素生产率进行测度，认为环渤海地区海洋经济起步较晚但增长迅速，经济效率较高但整体仍处于规模报酬递减阶段，存在生产投入要素配置结构不合理的问题。[⑤] 李晓梅利用数据包络分析方法（DEA）对中国环渤海、长三角、珠三角地区 30 家战略性新

---

① 刘孝斌、钟坚：《工业化后期中国三大湾区金融资本产出效率的审视——中国三大湾区 44 个城市面板数据的实证》，《中国软科学》2018 年第 7 期。

② 伏捷、孙才志、彭飞：《环渤海地区海洋生态经济系统脆弱性与协调性时空演变及动态模拟》，《辽宁师范大学学报》（自然科学版）2017 年第 3 期。

③ 狄乾斌、於哲、徐礼祥：《高质量增长背景下海洋经济发展的时空协调模式研究——基于环渤海地区地级市的实证》，《地理科学》2019 年第 10 期。

④ 孙才志、曹强、王泽宇：《环渤海地区海洋经济系统脆弱性评价》，《经济地理》2019 年第 5 期。

⑤ 纪建悦、王奇：《基于随机前沿分析模型的我国海洋经济效率测度及其影响因素研究》，《中国海洋大学学报》（社会科学版）2018 年第 1 期。

兴企业的全要素生产率进行了评估，认为环渤海地区企业效率值波动大，且总体效率值低于长三角与珠三角地区企业。①

目前，学者们关于环渤海湾区经济的可持续增长的研究多采用建立指标评价体系的方法，对海洋经济的可持续发展水平进行深入探讨，然而由于评价体系并不统一且评价指标的选取具有一定的主观性，学者们对环渤海湾区城市经济可持续增长水平并未形成一致结论。部分学者开始利用全要素生产率指标评价三大海洋经济区经济的可持续发展情况，然而少有学者针对环渤海湾区主要城市进行深入研究。本文利用非径向、非导向、规模报酬可变的超效率 SBM 模型对环渤海湾区主要城市进行绿色全要素生产率测算，以评价城市经济可持续发展水平，并针对城市投入与产出松弛值进行分析，以探究城市绿色全要素生产率增长路径，为实现环渤海湾区主要城市经济可持续发展提供政策建议。

二　数据来源及处理

（一）研究区域界定

本文参照参考文献中刘孝斌和钟坚的划分方法，测算并分析环渤海湾区 13 个主要城市（北京、天津、石家庄、唐山、秦皇岛、保定、沈阳、大连、东营、烟台、威海、济南、青岛）的绿色全要素生产率。

（二）投入产出指标选取

1. 劳动力投入

劳动力投入是生产的必要投入要素之一，通常可以用劳动力数

---

① 李晓梅：《中国战略性新兴产业企业投入产出效率测度研究——基于 2008 ~ 2016 年环渤海、长三角和珠三角 30 家上市企业的样本数据》，《当代经济管理》2019 年第 2 期。

量或人力资本表示。由于城市级数据缺失，人力资本投入难以准确计算，所以本文以各城市年末从业人员数作为劳动力投入指标。

2. 资本投入

资本投入是生产的必要投入要素之一。本文采用永续盘存法，利用2005年基期固定资本存量、折旧率、每年新增固定资产投资和以2005年为基期的固定资产价格指数，计算得到2005～2016年环渤海湾区主要城市以2005年为基期的固定资本存量。计算方法如下：

$$K_{it} = K_{it-1}(1-\delta) + I_{it} \tag{1}$$

其中，K_{it}为i城市第t年的固定资本存量，I_{it}为i城市第t年新增的固定资本投资。在本文中，我们参照单豪杰的做法，规定折旧率δ为10.96%。[①]

3. 能源投入

能源投入也是生产的必要投入要素之一。能源种类多种多样，受限于城市级能源消费数据的匮乏，且考虑到电力是城市能源的主要消费方式，本文用全民用电量代表城市的能源投入指标。

4. 期望产出

本文的期望产出指标用CPI指数平减后的GDP代表。用环渤海湾区主要城市CPI指数对各年名义价格下GDP进行平减，将其换算为以2005年为基期的不变价格。

5. 非期望产出

对于城市而言，造成环境污染的主体为工业，所产生的主要污染物为废水、废气与烟（粉）尘。所以，本文分别选用工业废水排放量、工业二氧化硫排放量、工业烟（粉）尘排放量作为城市主要污染物——废水、废气与烟（粉）尘的衡量指标，通过熵值法计算各污染物排放的权重，得到城市综合污染指数作为非期望产出指

① 单豪杰：《中国资本存量K的再估算：1952～2006年》，《数量经济技术经济研究》2008年第10期。

标。熵值法计算方式如下：

设有 m 个评价对象，选取 n 个评价指标进行评价，即对象集为 $F=\{F_1, F_2, \cdots, F_m\}$，评价指标集为 $C=\{C_1, C_2, \cdots, C_n\}$，按定量的方法取得多对象比较指标矩阵 R'，矩阵由 r'_{ij}构成。首先，对非期望产出原始数据进行变换：

$$r_{ij}=\frac{\max_i r'_{ij}-r'_{ij}}{\max_i r'_{ij}-\min_i r'_{ij}} \tag{2}$$

其中，$\max_i r'_{ij}$与 $\min_i r'_{ij}$分别对应原始矩阵中第 j 列的最大值和最小值。

其次，计算熵值：

第 j 个比较指标 C_j 的熵值可按下式计算：

$$H_j=-\mathrm{k}\sum\nolimits_{i=1}^{m} f_{ij}\cdot \ln f_{ij} \tag{3}$$

其中，$f_{ij}=\dfrac{r_{ij}}{\sum^{i} r_{ij}}$，$\mathrm{k}=\dfrac{1}{\ln m}$

那么，第 j 个比较指标 C_j 的熵值为：

$$w_j=\frac{1-H_j}{\sum\nolimits_{j=1}^{n}(1-H_j)}=\frac{1-H_j}{n-\sum\nolimits_{i=1}^{n} H_i} \tag{4}$$

再次，计算海明距离：

$$L_{1i}(w_j, j)=\sum\nolimits_{j=1}^{n}|w_j\cdot r_{ij}| \tag{5}$$

最后，对所得的海明距离进行归一化处理，得到综合污染指数。

三　环渤海湾区城市绿色全要素生产率测度与无效率分析

（一）环渤海湾区主要城市绿色全要素生产率测度

1. 超效率 SBM 模型

SBM 模型是非径向 DEA 模型，可以测算无效决策单元（DMU）

的松弛变量。超效率 SBM 模型可以在传统 SBM 模型的基础上对可能得出的多个有效 DMU 效率值的高低进行进一步区分，得出更加精确的效率评价。Tone 提出超效率 SBM 模型①，为：

$$\min\rho_{SE}=\frac{\frac{1}{m}\sum_{i=1}^{m}\bar{x}_i/x_{ik}}{\frac{1}{s}\sum_{r=1}^{s}\bar{y}_r/y_{rk}}$$

$$\text{s. t. }\bar{x}_i\geqslant\sum_{\substack{j=1\\j\neq k}}^{n}x_{ij}\lambda_j$$

$$\bar{y}_r\leqslant\sum_{\substack{j=1\\j\neq k}}^{n}x_{rj}\lambda_j$$

$$\bar{x}_i\geqslant x_{ik}$$

$$\bar{y}_r\leqslant y_{rk}$$

$$\lambda,s^-,s^+,\bar{y}\geqslant 0$$

$$i=1,2,\cdots,m;r=1,2,\cdots,q;j=1,2,\cdots,n(j\neq k)\tag{6}$$

在此基础之上，成刚给出包含坏产出的超效率 SBM 模型②，为：

$$\min\rho=\frac{1+\frac{1}{m}\sum_{i=1}^{m}s_i^-/x_{ik}}{1-\frac{1}{q_1+q_2}\left(\sum_{r=1}^{q_1}\frac{s_r^+}{y_{rk}}+\sum_{t=1}^{a_2}\frac{s_t^{b-}}{b_{tk}}\right)}$$

$$\text{s. t. }\sum_{\substack{j=1\\j\neq k}}^{n}x_{ij}\lambda_j-s_i^-\leqslant x_{ik}$$

$$\sum_{\substack{j=1\\j\neq k}}^{n}y_{rj}\lambda_j+s_r^+\geqslant y_{rk}$$

$$\sum_{\substack{j=1\\j\neq k}}^{n}b_{tj}\lambda_j-s_t^{b-}\leqslant b_{tk}$$

$$1-\frac{1}{q_1+q_2}\left(\sum_{r=1}^{q_1}\frac{s_r^+}{y_{rk}}+\sum_{t=1}^{q_2}\frac{s_t^{b-}}{b_{rk}}\right)>0$$

$$\lambda,s^-,s^+\geqslant 0$$

$$i=1,2,\cdots,m;r=1,2,\cdots,q;j=1,2,\cdots,n(j\neq k)\tag{7}$$

---

① Tone, K., "A Slacks-based Measure of Super-efficiency in Data Envelopment Analysis," *European Journal of Operational Research*143(2002): 32.

② 成刚：《数据包络分析方法与 MaxDEA 软件》，知识产权出版社有限责任公司，2014，第 152 页。

其中，ρ 表示 DMU 的效率值，$\rho \geq 1$ 表示 DMU 有效。我们假设一共有 n 个 DMU（DMU_j，$j=1$，2，…，n），每一个 DMU 代表一个城市。每个 DMU 有 m 种投入 x_{ij}（$i=1$，2，…，m），生产 q_1 种期望产出 y_{rj}（$r=1$，2，…，q_1）和 q_2 种非期望产出 b_{rj}（$r=1$，2，…，q_2）。DMU_k是要被测算的 DMU，x_{ik}是投入要素，y_{rk}是期望产出要素，b_{rk}是非期望产出要素。s_i^-、s_r^+、s_t^{b-} 分别是投入要素、期望产出要素与非期望产出要素的松弛变量。

2. 绿色全要素生产率测度

本文利用超效率 SBM 模型对 2005～2016 年环渤海湾区主要城市绿色全要素生产率进行测算，所得结果如图 1 所示。2005～2016 年，青岛、烟台、秦皇岛、天津、唐山等城市的 GTFP 一直处于较高水平。截至 2016 年，环渤海湾区城市 GTFP 从高到低依次是北京、烟台、青岛、唐山、天津、大连、石家庄、济南、威海、东营、保定、秦皇岛、沈阳。北京后来居上，成为 2016 年 GTFP 最高的环渤海湾区城市，烟台与青岛紧随其后，这三个城市的 GFTP 都大于 1，处于 GTFP 有效状态。其余城市均处于 GTFP 无效状态。除沈阳有所上升，北京几乎不变外，其他所有环渤海湾区城市的 GT-FP 均在 2006 年出现不同程度的下降。北京 GTFP 于 2016 年迅速提

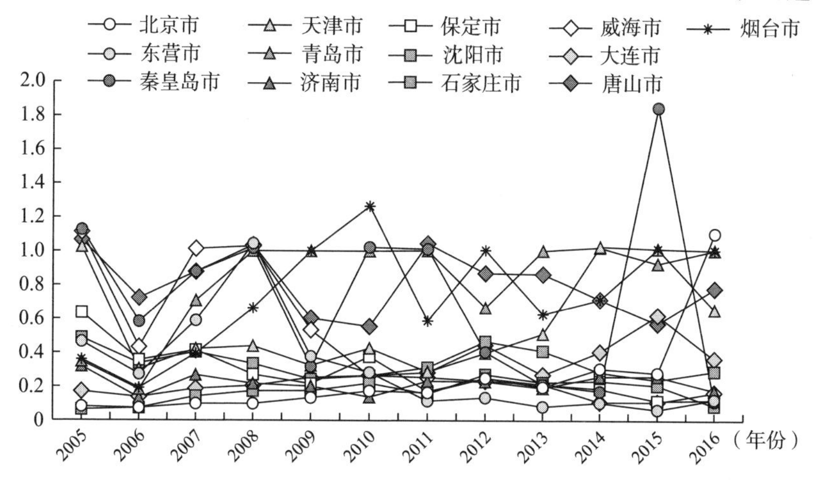

图 1　环渤海湾区主要城市绿色全要素生产率动态变化

升，其他年份与其他环渤海湾区城市相比，GTFP 并不突出。青岛 GTFP 自 2007 年开始提升，此后一直处于较为领先的状态，仅在 2012 年有较大幅度下降。烟台 GTFP 自 2007 年开始提升，于 2010 年达到顶峰，在 2011 年与 2013 年有较大幅度的下降。天津 GTFP 自 2012 年开始攀升，2014 年与 2015 年达到最大值，2016 年下降。大连 GTFP 在 2015 年有较大幅度提升，2016 年有较大幅度下降。石家庄 GTFP 在 2012 年有较大幅度提升，2014 年有较大幅度下降。秦皇岛 GTFP 在 2009 年、2012 年下降幅度较大，在 2015 年具有最大上升幅度，达到 1.85 的最高值。威海 GTFP 在 2006 年有较大幅度下降，在 2017 年有较大幅度提升，2010 年以后波动幅度不大，基本处于 0.4 以下。东营 GTFP 除分别在 2008 年和 2009 年有较大幅度上升和下降外，2010 年以后波动不大，基本处于 0.4 以下。保定的 GTFP 数值自 2006 年起基本处于 0.4 以下。其余城市——济南、沈阳的 GTFP 基本不存在较大幅度的波动，其 GTFP 数值基本处于 0.4 以下。

（二）环渤海湾区绿色全要素生产率无效率分析

使用超效率 SBM 模型测算环渤海湾区主要城市投入与产出无效率值，作环渤海湾区主要城市累计投入与产出无效率值图，如图 2 与图 3。累计投入无效率较高的城市依次是沈阳、北京、保定、大连、济南、石家庄、威海、烟台、天津、唐山、东营、青岛、秦皇岛。累计产出无效率较高的城市依次是东营、沈阳、北京、济南、保定、威海、大连、石家庄、秦皇岛、天津、烟台、青岛、唐山。其中，沈阳、北京、保定、大连、济南、威海、石家庄同时拥有较高的累计投入与产出无效率值，说明其决策单元的无效率是高投入无效与高产出无效的共同作用效果。天津、唐山、烟台的累计投入无效率值高于产出无效率值且其产出无效率值处于较低状态，投入无效率值处于较低状态说明其决策单元的无效率主要由投入无效率导致。同理，秦皇岛、东营、烟台的累计产出无效率值高于投入无效率值且其投入无效率值处于较低状态、产出无效率值处于较高状

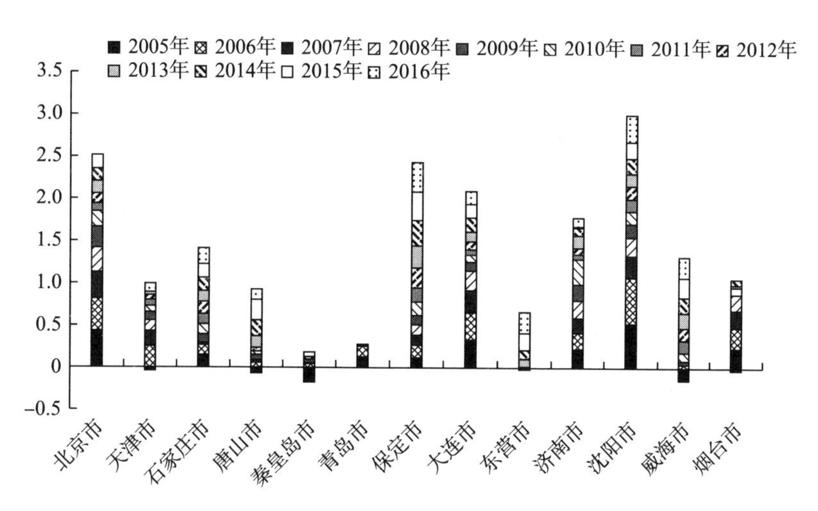

图 2　环渤海湾区主要城市绿色全要素生产率投入无效率值

态，说明其决策单元的无效率主要由投入无效率导致。青岛市的累计投入与产出无效率均处于比较低的状态，说明其投入产出要素相对有效，这也是青岛 GTFP 一直处于较高位置的原因。

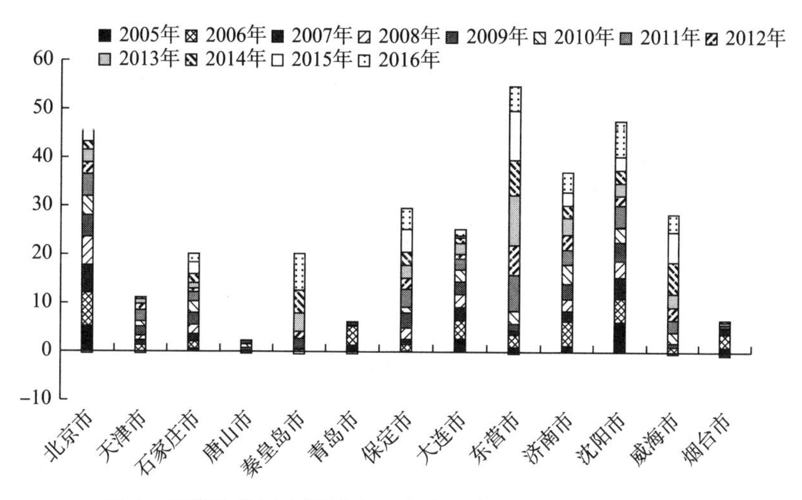

图 3　环渤海湾区主要城市绿色全要素生产率产出无效率值

四　环渤海湾区投入与产出松弛值分析

（一）劳动要素投入冗余

如图 4 所示，劳动力投入冗余较高的城市是北京和济南，其中，北京自 2005 年到 2015 年，一直存在劳动力投入冗余的问题，在 2015 年达到劳动力投入冗余峰值，约为 664.65 万人。2016 年，北京劳动投入冗余降为 0，是导致北京 2016 年 GTFP 升高的主要原因之一。济南的劳动力冗余问题一直较为严重，在 2010 年，济南劳动力投入冗余达到 1495.01 万人，较高的劳动力冗余是其 GTFP 一直处于较低状态的主要原因之一。

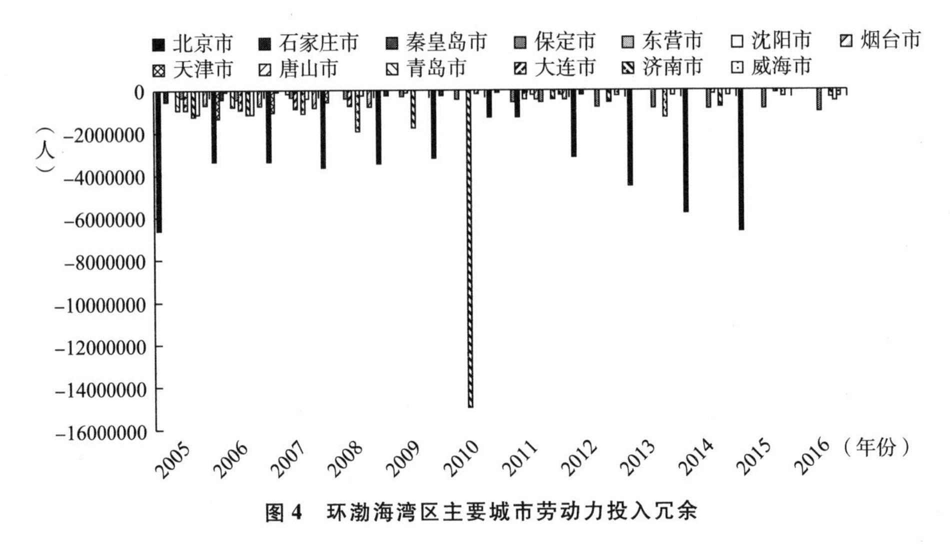

图 4　环渤海湾区主要城市劳动力投入冗余

（二）资本要素投入冗余

如图 5 所示，资本冗余较为严重的城市是沈阳、石家庄、大连。其中，沈阳、大连在 2005 ~ 2016 年一直存在较为严重的资本投入冗余问题。沈阳的资本投入冗余在 2016 年达到峰值，为 121841522.35 万元，较高的资本投入冗余是其 GTFP 一直处于较低状态的主要原因之一。大连资本投入冗余在 2015 年达到峰值，为

84909576.30万元，较高的资本投入冗余拉低了其GTFP的整体水平。石家庄在2013～2016年的资本投入冗余比较突出，在2014年，资本冗余的飙升导致了其GTFP的较大幅下降。其他城市，如天津、威海，GTFP也受到资本投入冗余的较大影响。其中，天津2016年GTFP受资本投资冗余影响而产生较大幅度下降，而资本投入冗余也是威海自2009年来GTFP持续走低的主要原因之一。

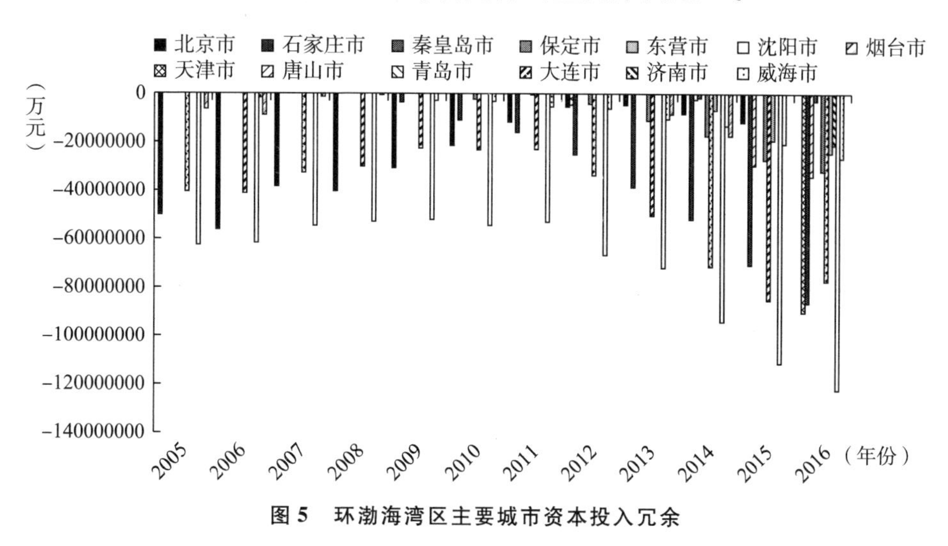

图5　环渤海湾区主要城市资本投入冗余

（三）能源要素投入冗余

如图6所示，唐山、天津存在较为严重的能源投入冗余问题。其中，唐山在2005年、2008年、2011年能源投入冗余为0，是其GTFP升高的主要原因，其他年份均存在能源投入冗余问题。冗余值在2014年达到峰值，为3044040.15万千瓦时，能源投入冗余严重是导致其2014年、2015年GTFP下降的主要原因。天津在2005年、2014年、2015年能源投入冗余为0，其他年份均存在能源投入冗余问题。2012年、2014年、2015年能源投入冗余值下降导致其GTFP升高，2016年能源投入冗余值的上升是导致其GTFP下降的主要原因之一。北京在2016年能源投入冗余为0，其他年份均存在能源投入冗余问题，能源投入冗余值在2007年达到峰值，为

1718152.47 万千瓦时。能源投入冗余是导致北京 2016 年以前 GTFP 数值较低的主要原因之一，也是东营自 2009 年以来 GTFP 一直处于较低水平的原因。

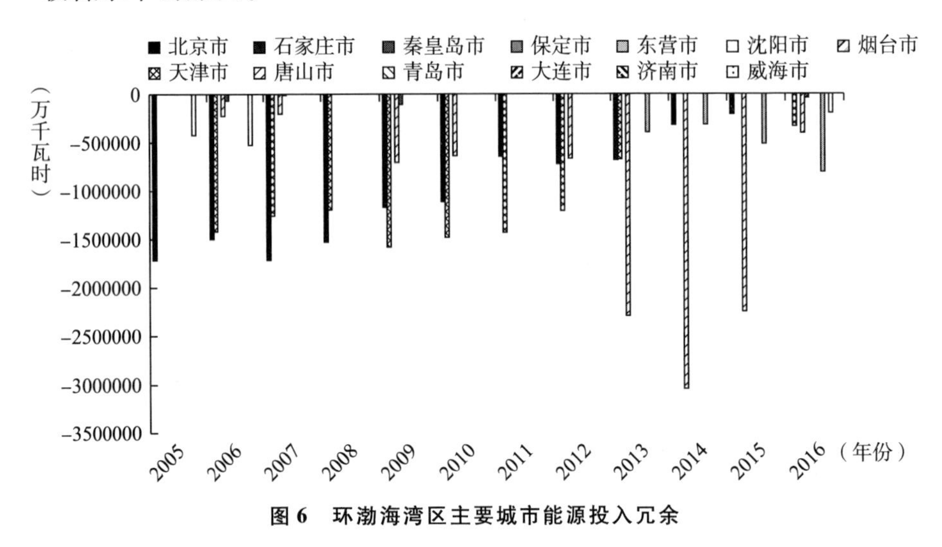

图 6　环渤海湾区主要城市能源投入冗余

（四）期望产出不足

如图 7 所示，大部分环渤海湾区主要城市不存在期望产出不足的问题。2016 年的北京，2010 年、2016 年的烟台，2014 年、2015 年的天津，2008 年、2011 年的唐山，2008 ~ 2011 年、2014 年、2016 年的青岛与 2008 年的东营和威海的期望产出超出目标期望生产总值。北京 2016 年生产总值大幅上涨是其 2016 年 GTFP 飙升的主要原因之一，青岛 2012 年与天津 2016 年生产总值的下降是其 GTFP 下降的主要原因之一。

（五）非期望产出冗余

非期望产出冗余的增加可导致 GTFP 降低，非期望产出冗余的减少可导致 GTFP 升高。如图 8 所示，大部分环渤海湾区的主要城市存在污染排放冗余问题。其中，保定、北京、大连、东营、济南、秦皇岛、沈阳、石家庄、天津污染排放冗余问题较为严重。污

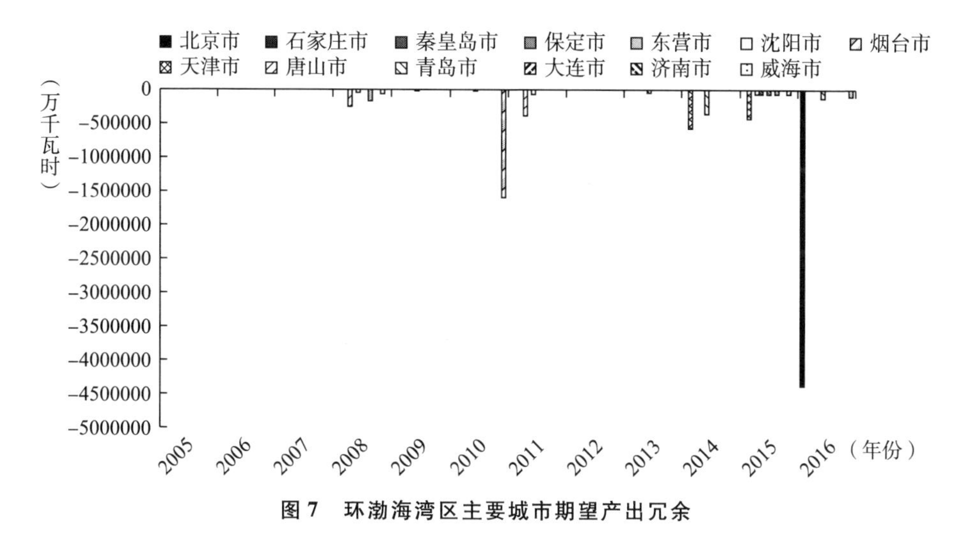

图 7　环渤海湾区主要城市期望产出冗余

染排放冗余的增加是导致 2013 年的烟台、2016 年的天津、2016 年的大连、2014 年的石家庄、2009 年和 2012 年的秦皇岛 GTFP 降低的主要原因；污染排放冗余的减少是导致 2007 年的青岛、2014 年的大连、2012 年的石家庄、2015 年的秦皇岛 GTFP 升高的主要原因。同时，污染冗余问题的存在是保定、济南、威海、东营、保定、沈阳 GTFP 处于较低状态的主要原因之一。

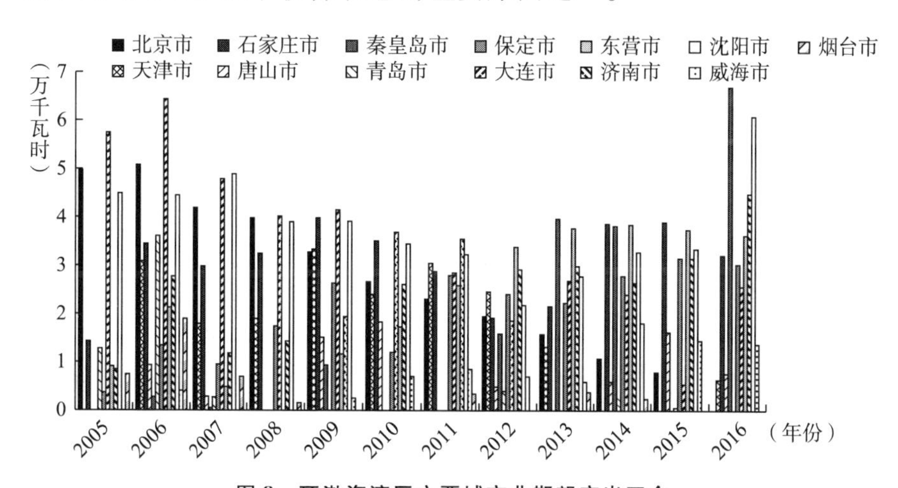

图 8　环渤海湾区主要城市非期望产出冗余

五 结论与建议

为研究中国环渤海湾区主要城市绿色全要素生产率（GTFP）的时空演变与影响因素，本文基于 2005 ~ 2016 年中国环渤海湾区主要城市面板数据，采用超效率 SBM 模型，以城市劳动力、资本、能源作为生产投入，生产总值作为生产期望产出，环境主要污染物排放指数作为生产非期望产出，测算中国环渤海湾区主要城市 GTFP，研究城市 GTFP 的无效原因。本文的主要研究结论如下。

（1）通过测算与比较环渤海湾区主要城市绿色全要素生产率发现：北京、青岛、烟台、天津、大连、石家庄、唐山、秦皇岛的 GTFP 数值相对较高（一般大于 0.4），波动幅度较大；济南、威海、东营、保定、沈阳的 GTFP 数值相对较小（一般小于 0.4），波动幅度也相对较小。除 2006 年中国环渤海湾区主要城市 GTFP 普遍下降之外，主要的 GTFP 波动表现为北京 2016 年 GTFP 的提升、青岛 2007 年 GTFP 的提升及 2012 年 GTFP 的下降、烟台 2010 年 GTFP 达到顶峰及在 2011 年和 2013 年的下降、天津 2012 年 GTFP 提升并在 2014 年与 2015 年达到最大值且在 2016 年下降、大连 2014 年 GTFP 的提升及在 2016 年的下降、石家庄 2012 年 GTFP 的提升及 2014 年的下降、秦皇岛 2009 年与 2012 年 GTFP 的下降及 2015 年的上升。

（2）通过度量环渤海湾区主要城市绿色全要素生产率投入产出无效率值可得：北京、保定、大连、济南、威海、石家庄 GTFP 的无效率是高投入无效与高产出无效的共同作用结果；天津、唐山、烟台 GTFP 的无效率主要由投入无效率导致；秦皇岛、东营、烟台 GTFP 的无效率主要由投入无效率导致；青岛投入产出效率相对有效，也是青岛 GTFP 大部分时期处于较高位置的原因。

（3）根据环渤海湾区主要城市劳动力、资本、能源要素投入，生产总值产出与污染排放的角度探究 GTFP 的波动原因可得：北京 GTFP 在 2016 年飙升，主要是由于劳动力投入冗余的降低与生产总值超额产出的升高；青岛 GTFP 在 2007 年的升高主要是因为污染冗余的下降，在 2012 年的下降主要因为生产总值超额产出的下降；烟台 GTFP 在 2010 年到达峰值主要是因为生产总值超额产出，在 2011 年与 2013 年的下降主要因为污染冗余的升高；天津 GTFP 在 2012 年的升高主要是因为能源投入冗余的下降，在 2014 年、2015 达到峰值主要是因为没有能源投入冗余与生产总值产出超量，在 2016 年的大幅下降主要是因为资本投入、能源投入与污染排放冗余且没有超量产出生产总值；大连 GTFP 在 2014 年上升是由于污染排放冗余的下降，在 2016 年的下降是由于污染排放冗余的升高；石家庄 GTFP在 2012 年的上升主要是因为污染排放冗余下降，在 2014 年的下降主要是因为资本投入冗余和污染产出冗余的升高；秦皇岛GTFP 在 2009 年、2012 的下降主要是因为污染排放冗余上升，在 2015 的上升主要是污染排放冗余的下降导致。另，探究部分城市 GTFP 一直处于较低状态的原因发现：济南 GTFP 数值较低主要是由于较高的劳动投入冗余与污染产出冗余，威海 GTFP 数值较低主要是因为资本投入冗余与污染产出冗余较高，东营 GTFP 数值较低主要是因为能源投入冗余与污染产出冗余较高，保定 GTFP 数值较低主要是因为污染产出冗余较高，沈阳 GTFP 数值较低主要是因为资本投入与污染产出冗余较高。

基于上述分析，为实现环渤海湾区主要城市 GTFP 稳定提高，可按照其投入产出要素松弛值及其对 GTFP 产生的影响对环渤海湾区的主要城市进行划分，具体如下。

1. 需要均衡配置生产投入要素的城市

劳动力、能源、资本均是城市经济增长必要的生产投入要素。生产要素的投入是经济增长的必然需求，然而生产要素的过度投入会导致资源的浪费、生产效率的降低，从而降低 GTFP，制约城市经济的可持续发展。

一是劳动力投入冗余问题对北京和济南 GTFP 产生较大影响。劳动力大量投入造成了资源极大的耗费，为促进城市绿色可持续发展，维持 GTFP 持续稳定提升，北京与济南应更加注意劳动力质量的提升和数量的控制，从而减少资源的耗费并促进劳动效率的提升。

二是资本投入冗余问题对保定、天津、石家庄、威海、沈阳GTFP产生较大影响。资金大量流入这些城市，却并未产生相对有效的期望产出从而抬高了投资风险，降低了投资效益。为促进城市绿色可持续发展，这些城市需要按照自身需求，合理引导投资流向，并实现自身资本的合理配比，避免资本冗余，实现城市GTFP稳步提升。

三是能源投入冗余问题对唐山、天津、北京、东营GTFP产生较大影响。能源投入的过分冗余极易造成严重的环境污染和能源使用效率的降低。为促进城市绿色可持续发展，这些城市需要减少对能源资源的过多占用，合理配比自身能源需求并多方引进绿色新能源以减少环境污染排放，实现城市GTFP稳步提升。

2. 需要继续促进生产总值产出的城市

北京、烟台、青岛、天津的生产总值持续增长对其GTFP产生重要影响，要保持这些城市GTFP的增长趋势，就需要注意在保持这些城市投入要素合理配比的前提下，提高生产要素的生产效率并促进地区经济繁荣、提高技术水平以促进生产总值持续稳定增长。

3. 需要严格控制污染产出的城市

青岛、烟台、天津、大连、石家庄、秦皇岛、济南、威海、东营、保定、沈阳的污染排放水平对其GTFP产生重要影响。城市发展难免伴随各种环境污染物的排放，然而过多污染物排放会对城市的可持续发展产生不可估量的影响，城市必不能以牺牲环境为代价而单纯追求经济增长。目前，环境污染排放冗余的问题已经相当普遍，这些城市需要注意在保护环境的基础上发展经济，利用好自身陆海兼备的自然条件，积极寻求低污染、高收益的经济发展模式。

Spatial and Temporal Changes of Green Total Factor Productivity of Major Cities in China's Bohai Bay Area and Their Impact Factors

Feng Jian, Tian Xianghui, Cao Yanqiao

(College of Economics, Qingdao Agricultural University, Qingdao, Shandong, 266109, P. R. China)

Abstract: Based on the panel data of major cities in the Bohai Bay region of China from 2005 to 2016, this paper uses the super SBM model and the major environmental pollution index as undesirable output to measure the green total factor productivity (GTFP), of major cities in the Bohai Bay region of China and analyze the reasons for the changes from the slack value of input and output factors. Studies have shown that the GTFP values of Beijing, Qingdao, Yantai, Tianjin, Dalian, Shijiazhuang, Tangshan and Qinhuangdao are relatively high and the fluctuations are relatively large; the GTFP values of Jinan, Weihai, Dongying, Baoding and Shenyang are relatively small and the fluctuations are small. Redundancy in labor input, capital input, energy input, excess GDP output, and level of pollution emissions redundancy are the causes of fluctuations of GTFP in major cities in the Bohai Bay region.

Keywords: Bohai Bay Region; Green Total Factor Productivity; Major Environmental Pollution Index; Super SBM Model; Marine Economy

（责任编辑：孙吉亭）

海洋环境治理的中国实践*

王 琪 田莹莹**

摘 要 随着全球化的深入及海洋问题的频发，全球海洋治理应运而生。中国国内海洋环境治理是全球海洋治理的一部分，需要积极参与，共同治理。通过回溯中国海洋环境治理的过程及效果，发现其呈现出三方面的特点：实行陆海统筹、渐进改革的管理体制，建立权属明确、分工治理的责任机制，采用自上而下动员治理的任务形式。中国参与全球海洋治理时，要结合本国海洋环境治理的经验，加大宣传力度，倡导“海洋命运共同体”，深化协同合作；建立“蓝色伙伴关系”；发挥大国作用，推动“海洋秩序构建”；在维护好本国海洋生态环境的同时，促进全球海洋经济健康发展。

关键词 海洋环境治理 中国经验 全球海洋治理 海洋经济

* 本文为国家社会科学基金重点项目“面向全球海洋治理的中国海上执法能力建设研究”（项目编号：17AZZ009）阶段性成果。

** 王琪（1964～），女，中国海洋大学国际事务与公共管理学院院长、教授、博士生导师，中国海洋大学海洋发展研究院研究员，主要研究领域为海洋环境治理、全球海洋治理；田莹莹（1990～），女，中国海洋大学法学院博士研究生，主要研究领域为海洋政策与法律、海洋环境治理。

众所周知，海洋地区蕴含着丰富的资源，地理位置十分优越，为人类的生存提供资源和场所。然而，海洋却日益受到人类活动的威胁，遭受破坏，不断退化，为生态系统提供重要支持的能力也在不断降低。2017 年 6 月 5 日，联合国秘书长古特雷斯在联合国首届“海洋大会”上指出：污染、过度捕捞和气候变化的影响严重破坏了海洋的健康，到 2050 年，海洋中塑料垃圾的总重量将可能超过鱼类，全球变暖导致海平面上升和海水酸化，使生物多样性减少，一些物种将面临灭绝的危险。① 所以说海洋环境问题已然是全球性的问题，全球海洋治理迫在眉睫，全世界都应积极参与其中，正确处理海洋环境与海洋经济的关系。对于全球海洋治理的研究，学者们都在探讨什么是全球海洋治理及如何参与全球海洋治理，很少把本国海洋环境治理的经验总结并应用。中国海洋环境治理经历了不同的阶段，在取得成效的同时也能为中国参与全球海洋治理打下基础。因此本文从中国海洋环境治理与全球海洋治理的对应关系出发，分析中国海洋环境治理的特点，总结海洋环境治理的独特经验，有利于中国进一步参与全球海洋治理。

一 中国海洋环境治理与全球海洋治理的关系

随着海洋开发意识的增强和科技水平的提高，海洋成为各个国家争夺资源的战场，由此，沿海各国掀起了一场“蓝色圈地”运动，海洋环境、海洋秩序遭到严重破坏。海洋具有流动性和不可控性，虽有高度的自净能力，但近岸污染却较难治理，海洋治理已不再是单个国家的事情，全球海洋治理提上日程。中国海洋环境治理与全

① 《太平洋学报》编辑部：《深度聚焦全球治理，践行构建人类命运共同体的发展理念》，《太平洋学报》2018 年第 4 期。

球海洋治理有着一定的关系，两者既有共性又有区别，主要表现在以下两方面。

（一）中国海洋环境治理属于全球海洋治理

中国海洋环境治理是国家内部海洋环境问题的治理，旨在实现海洋开发与环境保护的平衡。全球海洋治理是世界各国针对全球性的海洋治理难题，进行协商、约定、治理，目的是实现全球海洋事业的可持续发展。随着世界范围内对海洋兴趣的持续增加，各国针对粮食生产、生物多样性保护、工业化、全球环境变化和污染等领域的海洋问题，重新开展全球治理工作。全球海洋治理面临挑战和机遇，这与海洋的性质以及参与海洋治理行为者的规模和知识有关。[①] 从两者所指向的对象看，主要包括海洋资源开发利用过度、海洋生态环境污染、海洋生物多样性减少、全球变暖及海平面上升、海洋突发事件与安全等问题。对海洋无节制的开发，导致海洋资源锐减，生态系统遭到破坏，引发了一系列的问题。而且海洋是相互连通的，海洋自然灾害一旦爆发，就具有危害性大、持续时间长、影响范围广的特点，最终会危及人类的生存。由此可以看出，海洋的相通性使中国海洋环境治理的客体与全球海洋治理的客体具有相似性，而全球海洋治理涉及的范围更广，单个国家的海洋环境治理仅是全球海洋治理的一部分，所以说，中国的海洋环境治理无论从客体还是地域上都属于全球海洋治理的范畴。中国进行海洋环境治理，有利于促进本国海洋生态环境的改善，有利于建设海洋生态文明，同时，中国海洋环境的改善本身也对全球海洋治理做出了一定的贡献。其中，国家领导人提出的海洋治理理念如“海洋命运共同体”，得到了世界多数国家的认同；地方政府海洋环境治理成功的经验，使中国海洋海湾环境改善，促进了全球海洋治理与地区治理的衔接，这些都有利于中国更好地参与全球海洋治理。

---

① Lisa M. Campbell et al., “Global Oceans Governance: New and Emerging Issues,” *Annual Review of Environment and Resources* 41 (2016): 517 – 543.

（二）全球海洋治理推动中国海洋环境治理

全球海域面积约占地球表面积的71%，全球2/3的海洋面积中有着满足人类生存的众多资源。1982年《联合国海洋法公约》为人类开发和利用海洋提供了基本的法律框架，世界上约35.8%的海洋被纳入沿海国管辖范围，为这些国家维护其海洋权益提供了法律保障。[①] 全球海洋治理与中国海洋环境治理是包含与被包含的关系。从宏观海洋环境上看，中国的海洋环境就是“点”，全球的海洋环境则是“面”，由点及面，以面带点。全球海洋治理的理论对中国海洋环境治理有指导作用，其目标、理念、规制等都对中国的海洋环境治理起到推动作用。在全球海洋治理中，中国积极参与并遵守《联合国海洋法公约》《2030年可持续发展议程》，同时与其他国家建立良好的合作伙伴关系，签订《巴黎协定》，参加“世界海洋大会”等，为全球海洋治理做贡献。当然，全球海洋治理的协定也促使各个主权国家严格遵守，维护好各自国家的海洋生态环境。一方面，中国遵守协议，主动治理国内海洋环境问题，学习全球海洋治理的经验，发挥非政府组织的作用，促进海洋事业健康发展；另一方面，各个国家乃至全球海洋环境的改善也对中国海洋环境的改善有积极作用。所以，全球海洋治理有利于推动中国海洋环境治理，中国应致力于全球海洋治理，维护海洋生态环境。

二　中国海洋环境治理的特点

中国是海洋大国，海洋开发历史悠久，海洋经济的发展使中国面临类型众多且复杂多变的海洋环境问题。围填海及海域使用频繁，造成中国海岸线及海洋面积缩减、海洋灾害频发、海平面上升，还有由海洋开发导致生物栖息环境恶化引起的生物多样性减

---

① 于建：《深入贯彻习近平海洋强国战略思想，积极参与全球海洋治理实践》，《中国海洋报》2017年10月17日，第2版。

少，由海水污染、海洋垃圾倾倒造成的海水质量下降等，这些都会引起海洋生态系统的不平衡，对海洋环境造成严重威胁。为解决海洋生态环境危机，促进海洋经济健康发展，我们积极进行海洋环境治理，在治理过程中总结经验与教训，不断完善治理措施，形成了具有中国特色的海洋环境治理体系，为中国今后积极参加全球海洋治理提供有益借鉴。

（一）实行陆海统筹、渐进改革的管理体制

中国海域使用频繁，规模庞大、用海类型较多，主要用于渔业、工业、旅游、排污、工程等，这样就会涉及众多的海洋管理部门。由于海洋的界限划分通常与行政界限不一致，对于机构的组成、责任的分担等都存在分歧，在海洋环境治理中，不协同的现象时有发生。中华人民共和国成立后，海洋产业得到恢复和发展，组建了以产业为主体的海洋行政管理部门。从中华人民共和国成立到现在，政府为了更好地进行海洋管理，以陆海统筹为基调进行渐进性的变革。自 20 世纪 60 ~ 70 年代，国家海洋局成立，到 2012 年的“五龙闹海”，中国的海洋管理处于分散、半集中的状态，2013 年重组国家海洋局到 2018 年深化国务院机构改革，组建生态环境部和自然资源部，打破了中国的海洋管理陆海分离的状态，对于海洋的管理更加合理和完善。中国的海洋管理体制由松散型变为集中管理型，管理机构也从行业管理到陆海分管再到陆海统筹。之所以发生如此大的变化，与中国国情及对海洋的认识程度有关。陆海分治的情况使中国海洋发展的矛盾愈演愈烈，由“混乱期”到“五龙闹海”再到“两龙分治”，虽经过多轮改革，依旧没有改变“多头领导”的弊病。在海洋开发与海洋环境的矛盾上，各个海洋管理部门以部门利益为主，相互扯皮，不利于海洋环境问题的解决。现如今，深化国务院机构改革，组建生态环境部和自然资源部，把海洋和陆地管理统一于一个管理部门，进一步实现陆海统筹，有利于“多头领导”矛盾的化解，促进中国海洋的管理和海洋生态环境改善。在参与全球海洋治理时，中国也要本着陆海统筹的原则，处理

好与其他国家的关系，为全球海洋治理做贡献。

（二）建立权属明确、分工治理的责任机制

中国海洋环境范围广，海洋环境问题类型众多，不能将所有海洋环境问题的治理同一而论，且海洋具有流动性，在海洋环境的治理上极易出现“搭便车”的现象，所以在治理海洋环境时要有针对性，有责任意识，分工明确，合理整治。中国海洋环境治理取得了较大的成效，在海洋生态修复，生态岛礁、海湾整治，围填海治理，海洋污染治理等方面分工治理，权属及责任分明。经过一系列的修复措施，中国海洋生态环境得到改善，海洋水质也得到提升，一类水质海域面积占管辖海域面积的比重从 2016 年的 95% 提高到 2018 年 96.3%（见表 1）。

表 1 中国海洋生态环境治理相关措施及状况

年份	措施	一类水质海域面积占管辖海域面积的比重（%）
2016	推动海洋生态修复，实施“蓝色海湾”项目和“生态岛礁”工程	95
2017	开展围填海专项督察，稳步推进“蓝色海湾”“生态岛礁”等生态修复项目，整治岸线和修复滨海湿地	96
2018	加强入河、入海排污口监管，推进海洋垃圾（微塑料）污染防治和专项监测，开展“湾长制”试点	96.3

资料来源：《2016 中国环境状况公报》《2017～2018 中国生态环境状况公报》，由作者整理。

中国青岛胶州湾的治理也是一个成功的案例。自 20 世纪 50 年代开始，胶州湾围填海项目不断增加，1966～2010 年的 40 多年间，胶州湾围填海总面积达到 102 平方千米，其中，围海面积为 39.5 平方千米，填海面积为 62.5 平方千米。[①] 胶州湾是青岛的“母亲湾”，胶州湾的开发促进了青岛城市经济的发展，其生态环境却遭受严重

① 雷宁、胡小颖、周兴华：《胶州湾围填海的演进过程及其生态环境影响分析》，《海洋环境科学》2013 年第 4 期。

破坏。为挽救胶州湾的生态环境，青岛市政府根据胶州湾的生态环境特点采取相应措施（见表2）。中央政府也同样重视海湾环境，自2016年开始出台专门针对海湾整治的政策措施，开展“蓝色海湾整治行动”，恢复海湾生态环境，2017年又进一步设立“湾长制”，更加有效地保护海湾。要治理好该地区的海洋环境，就要与政府责任挂钩，建立权属明确、分工治理的责任机制，一方面是为了激励海洋环境治理的负责人切实根据地方特色进行海洋环境治理；另一方面也是为了更好地避免“扯皮”现象的发生，明确责任，切实对该地区的生态环境负责，这对于海洋环境的治理是一大进步。青岛市政府通过推进“湾长制”的实施，使胶州湾的治理取得了较好的成效，主要表现在：2017年青岛市近岸海域的水质得到改善，胶州湾优良水质面积占管辖海域面积的比重上升到71.8%，再加上“蓝色海湾整治”“南红北柳”等一系列海洋生态修复工程的实施，完成岸线整治14千米，修复滨海湿地面积84万平方米，恢复生态廊道植被63万平方米。① 青岛市政府治理胶州湾的政策措施，使围填海面积逐渐缩小，胶州湾面积不断恢复，其生态环境也逐步改善。政府应努力做到对“母亲湾”的永久性保护。

表2　胶州湾的特色政策

时间	特色政策
20世纪50~60年代	胶州湾人为因素逐步增多，以围填海为主
2007年	确立了“环湾保护、拥湾发展”的战略，以统筹青岛市胶州湾地区的可持续发展
2010年	启动胶州湾海洋生态综合整治行动，以地方立法形式对海湾实施最严格的保护
2012年	出台《胶州湾保护控制线》

① 任晓萌：《“一湾一策”列出清单　统筹推进海陆污染治理》，《青岛日报》2018年4月16日，第2版。

续表

时间	特色政策
2014 年	实施《青岛市胶州湾保护条例》
2015 年	成立胶州湾保护委员会
2016 年	开展“蓝色海湾整治行动”
2017 年	推行保护海湾的“湾长制”，全市 49 个海湾均纳入“湾长制”管理保护

资料来源：青岛市政府出台的胶州湾发展及保护政策等资料，由作者整理。

在权属明确、分工治理的责任机制下，海洋生态修复、“蓝色海湾”、“湾长制”等实施以来，各个地区都取得了显著的成果。海洋环境治理的成功经验不仅有利于中国整体海洋环境的改善，而且对于中国参与全球海洋治理有极大的帮助。在参与全球海洋治理时，要坚持权属明确、共同治理的原则，与其他合作伙伴互利共赢，保护全球海洋生态环境。

（三）采用自上而下动员式治理的任务形式

中国的海洋环境治理采用的是自上而下动员式治理的任务形式。动员式治理是通过自上而下政治动员的方式，具有较高的政策优先等级，而“任务制”传达出了中央的环保意愿和政治优先度，促使地方政府意愿和行动的改变。[①] 总之，在党中央的领导下，以自上而下的方式，通过政策再推入地方，完成海洋环境治理的任务。中国海洋开发及大规模的围填海使海域海岸带遭受破坏，而海岸带具有连接海洋和陆地的重要功能，海岸带的破坏不仅影响该地区的美观，还会使陆地废物及垃圾轻易流向海洋，进而对海洋生物造成不良影响。为此，政府出台政策进行海岸带整治与修复（见表 3）。

---

① 任丙强：《地方政府环境政策执行的激励机制研究：基于中央与地方关系的视角》，《中国行政管理》2018 年第 6 期。

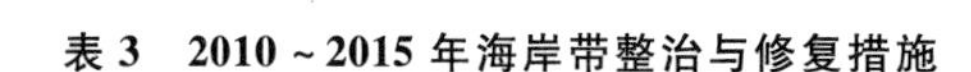
表3　2010～2015年海岸带整治与修复措施

年份	海岸带整治与修复措施
2010	1. 出台《关于开展海域海岛海岸带整治修复保护工作的若干意见》，开始海域海岸带整治与修复工作，第一批海域海岸带整治与修复项目经财政部批准后实施； 2. 项目：山东省重点海岸综合整治示范项目——日照大陈家村河口湿地区
2011	1. 编制《海域海岸带整治修复项目申报指南与管理办法》，进一步加强项目实施的监督管理； 2. 批准海域海岸带综合整治修复项目39个，中央财政累计补助资金8.8亿元； 3. 北戴河海域综合整治与海洋国家保障工程项目完成预验收
2012	批准海域海岸带整治修复项目36个，申请中央财政补助资金7.6亿元
2013	1. 财政部批准了中央分成海域使用金项目1个，安排补助资金3000万元； 2. 海域海岸带整治修复效果初步显现，北戴河海域综合整治与海洋国家保障工程首个通过了国家海洋局组织的竣工验收
2014	1. 河北省出台《河北省海域海岛海岸带整治修复保护规划（2014～2020年）》； 2. 天津市完成了沿海岸线埋设岸线标志界碑工作； 3. 山东省编制完成了《山东省海岸带保护和利用规划》《山东省海域海岛海岸带整治修复保护规划》，建立了海域海岛整治修复项目库； 4. 上海市编制完成了《上海市海岸带保护与利用规划》； 5. 广东省组织海岸带综合整治修复，选择广州、珠海、东莞三市四点作为开展海岸带综合整治的试点
2015	1. 河北省加大海域海岸带综合整治力度； 2. 天津市推进中央分成海域使用金支持海域海岸带整治修复类项目的实施进程，印发了《2015年天津海湾（海岸带）综合整治及修复工作实施方案》； 3. 山东省编制了《省级海岸带保护规划》《海岸整治修复》，启动了县级海域使用规划编制工作； 4. 上海市编制完成《上海市海域海岸带整治修复规划》，完成杭州湾北岸整治修复工程等； 5. 海南省组织开展海岸线修测工作，全面启动县级海域动态监管能力建设项目

资料来源：《2010～2015年海域使用管理公报》，由作者整理。

由表3可知，自2010年开始，国家对海岸带整治和修复做出了重要批示，动员其他省（区、市）按照相关规定，转变以经济为主的工作思路，对海岸带进行整治与修复，保护海洋生态环境。经过六年的不断努力，中国的海岸带生态环境有了巨大的改善，尤其是2014～2015年各地方政府积极响应国家的号召，根据地区环境状况，制定各自的海岸带整治修复规划，进行海洋环境治理，以恢复当地的海洋生态环境。在海洋环境治理中采用自上而下动员治理的任务形式，为中国的海洋综合管理提供了新的思路。当然，这种海洋治理的模式是针对中国的海洋环境而形成的。全球海洋治理的关系错综复杂，中国参与全球海洋治理时，要根据全球海洋治理的现状，以联合国为主导，改变旧的海洋秩序，推动制定新的全球海洋治理的运作机制，共同参与全球海洋治理。

三　海洋环境治理的经验对中国参与全球海洋治理的启示

我们都身处一个全球化的时代，全球化进程促进了世界的发展，也助长了全球海洋生态与环境保护、海洋可持续发展、海洋资源利用等问题的发酵和危机的蔓延，全球海洋治理日益受到国际社会的关注和重视。[①] 单个国家的海洋环境治理是全球海洋治理的一部分，因此，中国在积极参与全球海洋治理的同时，也要注重本国海洋环境的治理。对海洋环境的治理使国内海洋环境稳中向好，海水环境质量总体有所改善，这对于全球海洋治理也有积极作用。中国将继续以积极的姿态参与全球海洋治理，在理念宣传、协同合作、秩序构建等方面发挥自己的能力与优势，推动全球海洋治理向更好的方向发展。

（一）加大宣传力度，倡导“海洋命运共同体”

海洋具有宝贵的资源、重要的战略位置，以海洋为中心的国际合作不断增多，而海洋环境的风险也在逐渐增大，海洋成为全球治理的新兴领域，但全球海洋治理不是一般治理理论及全球治理框架

① 郑苗壮：《全球海洋治理呈现明显复杂性》，《中国海洋报》2018 年 2 月 28 日，第 2 版。

的简单套用，需要对全球海洋治理的本质进行深入分析。[①] 中国要参与全球海洋治理，但也不能盲目参与，需要明白全球海洋治理的真谛，加强顶层设计，加大宣传力度，合理且积极地参与全球海洋治理。正如同中国的海洋环境治理一样，中国海洋管理机构只有历经多次变革，才能解决海洋与陆地间的矛盾问题。因此，中国在参与全球海洋治理时，一方面，在制度设计上，要认清自己在全球海洋治理中所扮演的角色。中国要本着平等、协商的原则，站在全球的高度，统筹本国参与全球海洋治理变革与发展的全局，主动参与多领域、深层次的全球海洋治理，为今后深入参与全球海洋治理打下坚实的基础。另一方面，在思想观念上，要明白海洋与陆地的利益关联及海洋本身的重要作用。海洋也是我们赖以生存的家园，同样涉及政治、经济、文化、安全、生态等诸多领域，海洋环境是一个复杂而充满活力的生态系统，由生物和非生物间的相互作用形成，能为人们提供生态系统服务，而人类活动给海洋带来压力和破坏，海洋管理需要跨学科、跨区域对海洋进行研究。[②] 总之，参与全球海洋治理，要加大宣传力度，进行顶层设计与制度建设，加强整体意识与系统观念，进一步倡导“海洋命运共同体”，实现海洋事业的“五位一体”。只有各个主权国家和地区对海洋有更深层的认识，对海洋环境污染、海洋安全等进行全方位的防范与治理，全球海洋治理才能取得成效。

（二）深化协同合作，建立“蓝色伙伴关系”

全球海洋治理的客体复杂多变，主体又涉及众多利益群体，可以说，全球海洋治理是一项全方位的、需要多元参与的综合性系统

---

① 罗刚：《把握海洋空间特质 深入参与全球海洋治理》，《中国海洋报》2018 年 9 月 13 日，第 2 版。

② Daryl Burdon et al., “Integrating Natural and Social Sciences to Manage Sustainably Vectors of Change in the Marine Environment: Dogger Bank Transnational Case Study,” *Estuarine, Coastal and Shelf Science* 201 (2018): 234 - 247.

工程，这就需要各个主权国家及国际组织的积极参与。人们普遍认为，跨界污染问题需要国际合作才能解决，任何国家都没有能力单方面解决这一问题，但国家间持久和深刻的利益分歧阻碍了合作，国家不愿放弃短期经济福利和其他分配分歧的差异，这样通常会抑制集体的安排。① 现在世界上甚至出现了“逆全球化”的态势，各国只考虑本国的经济利益，这将对全球海洋治理产生巨大的威胁。中国参与全球海洋治理，要借鉴自身海洋环境治理的成功经验，本着互利共赢的态度，深化国家间的协同合作，建立“蓝色伙伴关系”。中国河流污染及海湾环境的整治中，按照权属原则，协同合作，共同治理，成功解决了“多头领导、相互扯皮”的问题，促进了中国海洋环境的改善。世界海洋中的塑料污染问题也成为普遍的问题，解决海洋塑料污染问题需要国家和非国家行为者、企业和民间社会组织共同行动，寻求综合解决方案，要摆脱传统的以国家为基础、以部门为重点的海洋问题应对措施。② 因此，在全球海洋治理中，要进一步遏制“逆全球化”的现象，就需要加强协同合作，不仅要在海洋环境的治理上有合作，而且要在海洋经济发展上有往来，共同发展。中国要与周边国家建立“蓝色伙伴关系”，与它们友好合作、和平共处、互通有无，共同治理海洋，发展海洋经济。③ 中国积极主张“人类命运共同体”，全球海洋治理关系到全世界人民共同的命运，需要我们携手合作，在发展海洋经济的同时关注海洋生态环境，维持全球海洋生态系统的平衡，促进海洋事业的可持续发展。

---

① Peter M. Haas, “Obtaining International Environmental Protection through Epistemic Consensus,” in Ian H. Rowlands and Malory Greene, eds., *Global Environmental Change and International Relations* (London: Palgrave Macmillan, 1992), pp. 38 – 39.

② Marcus Haward, “Plastic Pollution of the World’s Seas and Oceans as a Contemporary Challenge in Ocean Governance,” *Nature Communications* 9 (2018): 1 – 3.

③ 胡志勇：《积极构建中国的国家海洋治理体系》，《太平洋学报》2018 年第 4 期。

（三）发挥大国作用，推动“海洋秩序构建”

全球海洋环境危机的蔓延给各个国家和地区带来了诸多困扰，进行全球海洋治理，需要各个主权国家的主动参与。目前全球海洋治理都是以联合国为中心，主权国家、国际政府或非政府组织参与其中，然而旧的海洋秩序下，以联合国为中心的海洋治理体系呈现出碎片化的趋势，不能满足现在全球海洋治理的需要。[①] 全球海洋治理已提上日程并日益受到关注，在未来的海洋治理中，需要改变旧的国际海洋秩序，在《联合国海洋法公约》的框架下，构建新的海洋秩序与全球海洋治理体系，以适应全球海洋治理的需要。海洋是全人类的共同财富，海洋治理需要各个国家的共同参与，而面对新一轮的海洋秩序构建，各个国家都为各自的利益展开博弈，在全球海洋治理的议程上，中国也要积极发声，贡献中国智慧，提供中国方案。在中国的海洋环境治理中，中国采用自上而下的动员式治理的方式，这是针对中国的现实状况的做法。不过，在全球海洋治理中，中国也要发挥大国作用，继续倡导发挥联合国的中心作用，遵照《联合国海洋法公约》，要高度重视涉海国际规则的制定和解释，利用已建立的国际海洋话语平台，构建平等、协商、对话机制，推动新的海洋秩序构建。同时也要根据全球海洋治理的规则，合理制定本国的海洋规章，促使各个国家都平等参与全球海洋治理。[②] 中国积极参与全球海洋治理，除了要遵照《联合国海洋法公约》等相关海洋规则约定，还要在现有的国际海洋秩序下，推动新的海洋秩序的构建。“21 世纪海上丝绸之路”与“海洋命运共同体”是中国参与全球海洋治理的重要主张，也表明了中国的态度与立场。今后参与全球海洋治理，其一，要发挥大国作用，本着协同

---

① 庞中英：《在全球层次治理海洋问题——关于全球海洋治理的理论与实践》，《社会科学》2018 年第 9 期。

② 傅梦孜、陈旸：《对新时期中国参与全球海洋治理的思考》，《太平洋学报》2018 年第 11 期。

合作的原则，与周边国家共同合作、共同发展，同时，在全球海洋治理中也要承担更大的责任与更多的义务，致力于维护海洋环境与海洋安全；其二，要充分认识到旧的国际海洋秩序的弊端，合理分析构建新的海洋秩序及全球海洋治理体系面临的问题与机遇，在符合全球利益的基础上，逐步把相关治理理念转化为具体的行动与策略，更好地为全球海洋治理服务。[①] 当然，既有的海洋秩序及全球海洋治理规则的形成也是多方博弈的结果，有一定的合理性，一时之间还难以被取代。[②] 但随着时间的推移及多种因素的变迁，新的海洋秩序及全球海洋治理体系也在慢慢形成，以最终满足全球海洋治理的需要。

四　结语

21 世纪是海洋的世纪，海洋在全球战略中的地位日趋突出，成为全世界关注的焦点。海洋开发如火如荼，海洋经济成为新的经济增长点，但海洋环境也为此付出了严重代价，解决海洋生态环境危机，维持海洋可持续发展是摆在世界各国面前的难题。党的十八大提出“海洋强国战略”，在国内的海洋环境治理中，各级政府更是积极响应国家号召，加大中央财政资金的投入力度，推进海洋生态修复工程，走出了一条有中国特色的海洋环境治理的道路，也取得了丰硕成果。在今后参与全球海洋治理时，中国要本着参与者而非主导者的心态，根据国内海洋环境治理的经验，以共商、共建、共享为原则，实现各国间的共治与共赢，倡导“海洋命运共同体”，保护海洋生态环境，建立“蓝色伙伴关系”，发展蓝色经济，推动海洋秩序构建，参与全球海洋治理体系改革，在实现海洋强国、生

---

① 翟语嘉：《“21 世纪海上丝绸之路”框架下能源通道安全保障法律机制探究》，《法学评论》2019 年第 2 期。

② 王鸿刚：《中国参与全球治理：新时代的机遇与方向》，《外交评论》2017 年第 6 期。

态文明建设的同时，提升中国在全球海洋治理的地位和影响力，维护我们的蓝色家园。

Chinese Practice of Marine Environmental Governance

Wang Qi[1,2], *Tian Yingying*[3]

(1. School of International Affairs and Public Administration, Ocean University of China, Qingdao, 266100, Shandong, P. R. China; 2. Institute of Marine Development, Ocean University of China, Qingdao, Shandong, 266100, P. R. China; 3. Law School, Ocean University of China, Qingdao, Shandong, 266100, P. R. China)

Abstract: With the deepening of globalization and the frequent occurrence of ocean issues, global ocean governance came into being. China's domestic marine environment governance is a part of global marine governance, which need active participation and joint governance. By retrospecting the process and effect of China's marine environmental governance, it is found that there are three characteristics of marine environmental governance in China, that is, carrying out the management system of land and sea as a whole and gradually reforming, establishing the responsibility mechanism of the division of ownership and governance, employing the task form of top-down mobilization governance. When China participates in global ocean governance, it must combine the experience of domestic marine environmental governance, increase publicity, advocate"marine destiny community", deepen synergy, establish "blue partnership", play the role of a big country, and participate in the "marine order construction". While maintaining the marine ecological environment of our country, we should promote the healthy development of the global marine economy.

Keywords: Marine Environmental Governance; China Experience; Global Ocean Governance; Marine Economy Development; The Community of The Ocean Destiny

(责任编辑：孙吉亭)

中国渔政执法支撑体系与渔业发展[*]

朱坚真　刘汉斌　杨　蕊[**]

摘　要　本文在概括国内外渔政执法支撑体系研究代表性成果、阐述健全中国渔政执法支撑体系研究意义的基础上，分析中国海洋渔政执法现状、问题，以及完善中国海洋渔政执法支撑体系研究的目的与意义；举例说明了中国南海区域渔业行政执法的现状和问题，指出了执法过程中存在的重点、难点，并且提出了针对性的研究对策和方案；通过学习美日韩三国渔业行政执法经验，对比中国海洋渔业行政执法体系中存在的问题，从组织、政策、资金、人才和信息五大方面提出进一步梳理中国渔政执法支撑体系、健全中国海洋渔政执法体系的对策措施，并指出了对渔业发展的意义所在。

关键词　渔业行政执法　执法支撑体系　刑事司法

[*] 本文系农业农村部委托研究课题“梳理渔政执法取证支撑体系”（项目编号：125E0101）的阶段性研究成果。

[**] 朱坚真（1963～），男，经济学博士，教授，广东海洋大学前副校长，海洋经济与管理研究中心主任，主要研究领域为区域经济、海洋经济；刘汉斌（1987～），男，经济学硕士，广东海洋大学海洋经济与管理研究中心助理研究员，主要研究领域为海洋经济；杨蕊（1995～），女，广东海洋大学经济学院应用经济学硕士研究生，主要研究领域为应用经济。

依照国家法律行政是党中央、国务院对各级行政机关要求的基本任务，也是各级渔政执法机构正确履行自身职责和义务的基本保证。2018年，通过开展违规渔具清理整治和规范远洋渔业管理工作，全年清理取缔违规渔具50万余张（顶）；对经调查核实的32家违规远洋渔业企业、59艘违规渔船及有关责任人员依法进行处罚，取消或暂停发生重大违规事件的5家远洋渔业企业的从业资格。①

长期以来，渔业行政执法中存在的一些突出问题直接影响了渔业执法的公信力，损害了渔民的基本权益。因此，一些地方的渔业行政执法部门在现有体制可行的范围内尝试了执法体制的改革，加大了执法力度，逐步走向依法行政的法治化道路。但是当前渔业行政执法的力度、广度和深度与依法行政的要求还有很大的差距，如何改变现有的执法状况将是我们今后需要不断思考的重要课题。

一 国内外渔政执法支撑体系研究现状及评述

（一）国外相关领域研究现状

目前世界各国普遍存在渔业行政执法。我们检索现有相关资料，发现国外相关研究主要集中在渔业协议、处罚、执法能力等方面。

1. 渔业协议研究

2012年2月，欧盟和毛里求斯签订了《新渔业伙伴关系协定》等文件，要求在政治、经济上加强合作。2012年7月，欧盟和基里巴斯签订新的渔业合作协议，规定了捕捞的区域以及进行捕捞行为需要支付的费用。2014年8月，欧盟与佛得角签订新的渔业协定，

① 《2018年渔业渔政工作“十大亮点”（三）》，http://www.moa.gov.cn/xw/bmdt/201901/t20190110_6166449.htm，最后访问日期：2020年1月3日。

确定了捕捞渔船的费用。[①]

2. 渔业处罚研究

对于渔业违法行为，美国渔业行政机构制定了很详细的规则，美国关于渔业执法的法律 *Fisheries-Enforcement* 明确规定若有行为主体违反相应的渔业法规，执法部门有权对其罚款，如若其对违法行为拒不承认，则有可能要增加罚款金额。Lee S. 指出韩国农林水产部 2013 年宣布要加强对韩国海域非法捕捞的渔船监控，严厉打击在韩国领海内进行非法作业的外国渔船，不仅增加了相应的海上执法人员和执法装备的数量，而且在罚款额度上提高相应的罚款金额。[②]

3. 执法能力研究

Christopher 等认为海洋渔业资源要得到发展，必须找到海洋渔业保护工作的不足与疏漏，并且解决渔业保护工作中存在的问题，从源头出发保护好渔业资源。[③] Joshua 等指出越南执法体系中仍然存在许多问题，执法标准、法律政策以及执法程序尚未成型，缺少具体渔业捕捞中不当行为的应对方案和处罚标准，因此执法人员在执法过程中会从自己的角度出发做出相应的执法应对措施，但是由于一部分执法方案落后，导致执法过程存在不公现象，执法效果较差。[④]

---

① 徐晶：《南海渔业行政执法问题与对策分析》，硕士学位论文，广东海洋大学，2015，第 4 页。

② Lee S., "Experiences in Dealing with Maritime Disputes: South Korea's Bilateral Agreements with Japan and China," *The Korean Journal of International and Comparative Law* 4(2016): 84 – 98.

③ Christopher J. Carr, Harry N. Scheiber, Dealing with a Resource Crisis: Regulatory Regimes for Managing the World's Marine Fisheries, 21 Stan. Envtl. L. J 45 (2002): 51 – 56 .

④ Joshua A. Greenberg, Mark Herrmann, "Allocative Consequences of Pot Limits in the Bristol Bay Red King Crab Fishery: An Economic Analysis," *North American Journal of Fisheries Management* 14(1994): 307 – 317.

（二）国内相关领域研究现状

现阶段，国内对于渔业的研究主要集中在法律法规、行政执法体系、执法流程方面。

1. 对渔业行政执法体制的研究

何忠龙等认为中国海域及岛屿存在较大争端问题，中国的海域领地会受到不同程度的威胁，海上执法工作的进行难度较大，有必要组建海岸警卫队以打击海上犯罪违法行为，防卫海洋国土，维护海洋权益。① 卢昌彩认为应该加强对渔业法律体系的完善，加快修订《渔业法》以及《渔业实施细则》，完善法律内容的实施细则，让渔政执法过程中存在的问题有对应的法律文件和处罚机制，保证渔政执法过程的公平和高效。②

2. 对加强执法队伍建设的研究

阎铁毅、吴煦指出，中国的渔政执法部门在政策执行过程中上下级的执行决策不一致，可能导致决策失真，同时，同级部门之间的决策也存在许多冲突，没有解决到位就会引发执法办事的效率低下，应当对行政执法队伍进行调整和改革。③

3. 对相关法律法规及制度的研究

张建华分析了中国现行的渔业管理方法的弊端，指出了中国现行渔业法律法规的漏洞，包括各个地方思想观念和海洋环境不同导致的管理方法的分歧，提出了中国渔业行政管理体制改革的方向：一方面应当整合国家和地方的渔业法规，另一方面也要建立科学渔政管理体制。④ 海洋渔业立法没有考虑到海洋渔业与普通渔业的不同之处，长期用内陆渔业的法律来规范海洋渔业。钟小金指出中国

---

① 何忠龙、任兴华、冯永利：《我国海上综合执法的特点及对策》，《海洋开发与管理》2008 年第 1 期。

② 卢昌彩：《建设法治渔业的战略思考》，《决策咨询》2015 年第 1 期。

③ 阎铁毅、吴煦：《中国海洋执法体制研究》，《学术论坛》2012 年第 10 期。

④ 张建华：《新形势下中国渔业行政管理体制改革初探》，《中国渔业经济》2002 年第 5 期。

在涉海案件发生时，渔政执法和刑事司法往往会在办案方式和处置意见上有分歧，为了解决这个问题，中国应该建立一系列相关制度。例如，渔业重大案件应该联合多方相关部门审理，改革渔业执法部门的办案体系。[①]

（三）国内外相关领域研究简要评述

目前，国外有关渔政执法的研究大多集中在提高执法机构的建设和执法人员的能力方面，较少涉及其他因素。渔政执法相对于其他行政执法，在执法环境和执法对象上有很大的特殊性，而这恰恰是渔政执法的难点。国内渔政研究的缺陷有：对渔政执法的整体研究和执法的整体环境关注较少；对渔民自我管理和组织建设关注度较低，更多地强调渔业行政制度建设和执法队伍建设；大多是比较单一的研究，主要集中于渔政执法的某一方面，少有综合性的系统研究。

为此，本研究将运用系统的方法，从渔政执法的特征着手，全面分析渔政执法的不足及其原因，以南海海区渔政执法为例，借鉴美日韩的先进经验，科学构筑渔政执法支撑体系，推进渔政执法更加规范化和科学化。

二　中国渔政执法体系建设现状与存在问题

（一）中国渔业行政执法体系建设的现状

1. 中国渔业行政执法机构的建立与其相关职责

中华人民共和国成立初期，国家政治体系还未健全，立法方面也还不太完善，管理经验匮乏和人才队伍缺乏，食品工业部负责管理渔业部门的执法工作，其后由农业部负责领导。1953 年，农业部

① 钟小金：《提高渔政执法水平　为现代渔业建设提供保障》，《中国水产》2008 年第 3 期。

水产总局下属的渔政科负责部分的海上任务，但海洋资源保护、海上执法等事务不在其管辖范围之内。2013年3月，海洋执法机构整合到了国家海洋局，中国海警局整合原海上执法队伍对外统一执法，主要承担海上任务，包括渔政、海监、维护海上安全等。2018年3月，国家海洋局即中国海警局的相关队伍及其职能归属于武警部队，由中央军委统一领导。2018年7月1日起，中国武警部队海警总队成立，中国海警局内设的执法部是海上执法任务的主管部门。[①]

2. 中国渔业行政执法的法规政策逐步健全

由于立法工作时间靠后，中国的渔业立法尚处于落后的状态。为了促进渔业生产的发展，保证渔业资源的繁殖，合理开发渔业资源，1986年，全国人大常务委员会审议通过《中华人民共和国渔业法》，这是中国渔政执法领域中法律位阶最高的一部渔业法。随后，农业部、省、市等各级政府根据本地海域海情和渔业发展实际情况，依照《中华人民共和国渔业法》制定并实施本部门的渔政法规和细则。[②] 自1986年发布到2013年，渔业法经历了4次修订，在2013年的修订中，对渔业的养殖、捕捞和保护都做了相应的修改和调整。

3. 中国渔业行政执法队伍素质逐步提高

中国渔业行政执法人员约33000名，其中渔政约占80%，渔监约占10%，船检约占4%，电信约占3%，其他人员约占3%。渔业从业工作者整体学历水平偏低。基层单位人情关系较复杂，用人常存在因人定岗现象，真正拥有海洋生物学、船舶驾驶等相关知识的人员比例偏低，不利于团队成员技能的优势互补。[③] 为了改善执法效果，中国开始重视对执法人员的系统性培养和执法队伍的建设，增加执法人员的福利保障，使执法队伍的建设逐渐规范。

---

① 史春林、马文婷：《1978年以来中国海洋管理体制改革：回顾与展望》，《中国软科学》2019年第6期。

② 钟小金：《提高渔政执法水平　为现代渔业建设提供保障》，《中国水产》2008年第3期。

③ 李屹：《加强渔业队伍建设，为渔业发展保驾护航》，《现代经济信息》2015年第11期。

4. 中国渔业行政执法装备逐步改善

中国的执法设备正逐步改善，“十二五”期间，一共投入 53.02 亿元，建造渔政执法船艇 1692 艘，其中，1000 吨级渔政执法船艇 14 艘，3000 吨级渔政执法船艇 13 艘。对于“三无”渔船，执法力度不断加大，严格打击违法违规捕鱼行为。[①]“十三五”期间，进一步加强国内海洋渔船船数和功率数控制（简称“双控”制度），减少捕捞渔船船数和功率总量，同时加大对渔业执法渔船和基地建设资金的投入力度，逐步改善执法装备。

（二）中国渔业行政执法体系建设存在的问题

1. 中国渔业行政执法组织结构不尽合理

一方面，横向权力配置不合理。大部分省市的渔业行政部门下属的渔政、渔监是平行机构，各自拥有自己的体系和办公地点，导致执法权力比较单一，效率较低。另一方面，纵向来说，渔业行政部门属于农业部的内设机构，地方叫法不一，有的地方称为渔业管理处，有的地方称为水产管理室。

2. 在管理权限方面，中央政府与沿海地方政府的权限界限划分并不明确

依据现行法律规定，中国的海洋由国家统一管理，但是出于生产联系密切、生产关系一体化的原因，地方政府在海洋管理中的地位越来越重要。渔业行政执法实行的是双重领导制，但是由于海域界限划分尚不明确，地方政府在海洋管辖权上较为混乱和模糊。例如，沿海地方政府渔业管理部门承担着国家多重部门地方执法队伍的管理任务，也承担着国家职能部门地方执法队伍的执法监督、行政审批等任务。同时，由于执法力量和执法标准存在差异，执法过程也比较混乱。

3. 海洋法律制度体系不完善

总体来说，与渔业发达国家相比，中国渔业立法起步较晚，渔

① 《“十二五”渔业法治建设迈出坚实步伐》，《中国水产》2016 年第 4 期。

业执法尚未被完全重视起来，法律法规尚不完善，导致执法依据不充分。同时，中国的渔业立法对程序法律注重较少，导致操作难度较大。除此之外，上位法和下位法之间也可能存在脱节现象。例如，《渔业法》和《渔业法实施细则》中有相互冲突的部分，会导致执法过程存在分歧。

4. 海洋行政执法资源配置不均

就执法队伍的人员数量来说，目前中国海事的执法队伍大约有1.7万人，较发达国家而言，中国海上执法队伍数量无法有效满足现实的执法管理需要。此外，中国海上执法人员的执法能力参差不齐，对海洋相关协议和公约也不太熟悉，导致中国在与其他国家存有主权争议的海域和公海进行执法管理时，无法及时开展依法管理行动，不能完全保证维护好中国的海洋权益。

（三）中国渔业行政执法体系需进一步完善的原因分析

1. 从制度视角剖析中国渔政执法存在问题的原因

中国渔政管理直到1949年后才获得全面发展。虽然这些制度机制的设立有其特定的历史背景与特点，适应当时的发展环境，但是随着现代市场经济社会的发展，渔业执法环境也在改变，执法机构中存在职责交叉、重复等现象，导致现行渔业组织管理机构的弊端。由于垂直的制度关系不统一，渔业行政执法过程不够集中，对于部分执法区域会出现监管不到位以及遗漏的问题，导致执法过程混乱，影响执法效率和执法过程的进行。

2. 从法制视角剖析中国渔政执法存在问题的原因

缺乏法律与制度的顶层设计；当前中国海洋相关法律体系建设仍不规范，存在许多急需解决的问题；涉海法规建设滞后，配套法规不完善；缺乏科学管理理念和经验积累；中央与地方政府渔政管理权限不清晰，执法工作效率低下；渔政法律监督与处罚制度不完善；自由裁量权过大；利益主体多元化。

三 中国南海区域渔业行政执法案例

（一）南海区域渔业行政执法现状

目前渔业船舶检验局主管南海渔政事务，并以“机动渔船底拖网禁渔线”为界限，“禁渔线”之外的海域由中国海警局南海分局负责管理，之内的海域分别由广东、广西、海南的渔政部门管理各自的海域。中国海警局南海分局是南海海域的一支综合性海上执法队伍，主要任务是组织、指挥和协调南海海区的海上维权执法行动，监管渔业生产活动，保护南海海区内的海岛，打击犯罪，也会在该海域内与其他国家的海上力量联合进行国际执法。

就南海海域的渔业执法装备而言，现阶段南海区域的渔业执法装备无法满足南海渔业发展的需求，尤其是在面临南海诸多岛屿主权争议时，现有的海上执法装备无法有效应对局势。

（二）南海区域渔业行政执法不到位的原因及产生的不良影响

1. 层级管理的分散

根据相关法律法规，南海区渔业局负责管理、维护南海渔业的正常生产与发展秩序，依法保护渔业中的海洋动植物资源、矿产资源和渔业资源。行政机关较为分散，层级权力存在交叉，这在一定程度上降低了渔业执法与监督过程中的执行效率，削弱了渔业资源保护的执法力度。

2. 执法过程存在多重领导，导致执法乱象

南海海域的渔业行政管理既接受来自海警系统的领导，也受到渔业管理部门的管辖，因而在实际执法管理过程中，职责职权不符、超出职权范围导致的行政错位、越位时有发生。

3. 执法监督机制不健全

渔政执法的决策、执行与监督位于同一行政层级，渔业执法监督

主体若要在日常的执法监督过程中要发挥强有力的监督作用，则必须得到上级部门的有效支持，否则难以确保相应的监督权威性。

（三）南海区域渔业行政执法建设的重点与难点

1. 建设重点

建立完善的渔业行政立法制度。一些域内国家企图通过国内立法，用本国制定的法律将其侵占中国南海海域诸多岛屿的行为合法化，粗暴侵犯中国主权。对于南海海域内其他国家企图通过本国国家立法来非法侵占中国领土主权这一行为，中国应出台对等位阶的领土法律予以回击。①

2. 建设难点

在现代渔业产业的新形势下，渔政执法的内容更加广泛，从对单纯的渔业生产作业执法扩展到对渔业资源的保护、渔业水环境的执法。

环境污染严重，生态破坏程度巨大：每年有大量城市排泄物及污染物通过珠江口进入南海海域；大量的海水养殖企业在扩大养殖规模过程中投放的饲料和激素造成南海近海水体水质严重富营养化。过度捕捞频繁，非法作业屡禁不止：由于生态意识薄弱，渔民过度捕捞，致使鱼类繁衍的正常周期大幅缩短，总体来看渔民捕捞的幼鱼数量占据了相当大的比重，此类恶性循环导致了近海捕捞渔业资源不断萎缩。南海冲突不断，渔业执法行动受阻。中国政府连同海警等相关部门成立了长期在南海作业的生产部队部门，既要维护中国在南海区域的主权，又要兼顾南海海域生态环境的平衡。可以说，中国南海的渔政管理与监督存在诸多困难。

---

① 张卫：《南海属于中国　一个扇贝也不能少》，《中国食品》2016 年第 15 期。

四　美日韩三国渔业行政执法的经验及借鉴

（一）美国的渔业行政执法经验

1. 执法依据

为了保护水产资源物种的多样性，实现渔业的可持续发展，美国制定了一套健全的渔业法律体系，同时为了增强渔民在渔业方面的法律法规意识，从联邦到州制定了各种关于渔业法规的手册，并且以国家法令文件的形式进行发放和管理，确保每个渔民都能了解这些法律文件，以更好地保护渔业资源，维持渔业制度。[①] 美国的渔业相关法律文件主要有《渔业保护和管理法》《海洋保护和禁渔区法》《海岸带管理法》《美国海洋环境保护条例》等，法律法规具体分类见表 1。《渔业保护和管理法》作为渔业管理方面的主导法律文件，确定了美国对于渔业管理和保护的执法准则，规定了渔业捕捞的禁止区、禁止期，对于进入渔业捕捞的渔船和渔民必须进行作业登记，并且对于捕捞渔具的大小、网眼尺寸也制定了相应的标准。

2. 渔业执法机构高效有序

美国实行州政府配合联邦政府共同管理的制度，渔业局机构负责管理联邦水域，州政府单独管理州的管辖水域。渔业执法机构层级分明，权责清晰，渔业管理制度也非常健全，执法程序比较严格，这就保证了渔业执法过程的高效。

3. 美国的区域委员会制度

美国的区域渔业管理委员会职责由 MSA 规定，它还承担制订、修改渔业管理计划，审查外国渔船的入渔资格，举行公众听证会等任务。区域渔业管理委员会非常注重渔业相关利益者的参与，也会

① 唐建业：《我国渔政体制改革的初步研究》，硕士学位论文，上海海洋大学，2001，第 10 页。

对委员会的成员进行筛选，以保证参与人员专业且利益相关，这就在一定程度上保证了执法过程的公正、透明。

4. 渔政惩罚措施严厉

美国对于渔业违法行为采取的惩罚措施非常严厉：严重的违法行为最多可能被罚款25000美元；如有对执法人员合理合法检查有抗拒和违反行为的，或者无正当理由干扰执法人员的被逮捕的，构成刑事犯罪的，处以5万美元以下罚款；若拒捕时若使用危险武器则会面临10万美元以下罚款或者10年以下5年以上的监禁。①

（二）日本的渔业行政执法经验

1. 执法依据

日本由于其特殊的自然环境，自古以来就依靠渔业而生，因此对渔业法律的制定也相当重视。日本的渔业法律文件较全面，并且对每一部单行法律也会进行相应的细则补充和说明，其中主要的法律法规包括《日本渔业法》《渔业水域暂定措施法》《沿岸渔业振兴法》《渔业协同组织法》等法律文件，法律法规具体分类见表1。《日本渔业法》于1949年修订，该法确定了渔业权和渔业许可证制度以减少渔业捕捞量，保护渔业资源，这样就保证了执法过程可以有法可循、有法可依，降低了盲目性和模糊性。②

2. 采取符合其渔业特点的渔业管理规则

与其他发达国家相比，日本的小型渔船较多，日本的渔业管理因此采用了三大管理措施，即投入量规则、技术规则、产出量规则，也就是TAC（总可捕捞量）制度。该制度主要是通过控制投入量来减少捕捞量，为减少渔获量提供法律上的依据。③

---

① 陈海明：《基于可持续发展的渔业资源管理研究》，硕士学位论文，华南理工大学，2009，第43页。

② 包特力根白乙：《日本〈水产基本法〉及对中国水产业的启示》，《世界农业》2018年第8期。

③ 刘俏雨：《日本渔业资源主要管理措施简介》，《中国水产》2018年第1期。

3. 渔业权和渔业许可证制度

渔业许可证制度是对渔业投入的控制制度。在这一制度下，充分行使渔业权利受到资源保护固有法律要求的制约，包括自治协定在内的各种渔民协调组织发挥着至关重要的作用，它们以行政建议或科学信息的形式向渔民提供支持。

4. 渔政执法装备

日本海上保安厅就相当于其他国家的海岸警备队，属于准军事组织，目前人员为 12000 人，大部分人是海上保安官。日本海上保安厅目前拥有的大型巡逻舰无论从数量上还是重量上都是世界第一，这也决定了日本的渔政执法效率在世界范围内都属于较高水平。

（三）韩国的渔业行政执法经验

1. 执法依据

韩国和日本一样都拥有非常丰富的海洋资源，韩国政府也高度重视海产品的生产以及渔业资源的管理和渔业政策的制定。韩国的渔业行政法律包括《渔业法》《水产业法》《水资源保护令》《水产资源管理法》《内陆水域渔业法》《渔船法》等法律文件，法律法规具体分类见表 1。《水产资源管理法》作为韩国最重要的渔业资源管理依据，内容包括对各类渔业资源的繁殖保护，极大地促进了对韩国渔业资源的管理和保护。

2. 打击“三无”渔船

“三无”渔船主要是指无船名船号，非法进行渔业捕捞活动并且无船舶证书的渔船。韩国的投入控制制度中有捕捞许可证制度，无论近海还是远洋都需要获得捕捞许可证才可以进行捕捞作业，但是只有捕捞许可证制度远远不够，在对渔船的审核中如果存在船证不符的情况，也会取消经营资质。[①]

---

① 谢营梁、徐吟梅、李励年：《关于韩国渔业管理体系的探讨》，《现代渔业信息》2005 年第 9 期。

3. SMP 制度

韩国的SMP（自我控制管理）包括围绕渔业的社会和环境问题以及种群管理，还涵盖了地区之间和渔具之间的纠纷。SMP涵盖所有种类的渔业，包括水产养殖和种群增加，SMP社区的成功之处在于充分调动了渔民的积极性，使渔民自愿清除垃圾、废弃的蚊帐和渔具，渔场和沿海地区的环境在不断改善。渔场的环境在此基础上不断好转，渔业管理的效率也逐渐增高。①

表1　美日韩三国渔业相关法律法规及其分类

国家 渔业相关法律分类	美国	日本	韩国
渔业基本法	《渔业保护和管理法》	《日本渔业法》	《渔业法》
渔业资源管理	《鱼类和野生动物保护法》等	《海洋生物资源保护与管理法》等	《内陆水域渔业法》等
渔业环境管理与保护	《美国海洋环境保护条例》等	《环境基本法》等	《海洋环境管理法》等
水产资源管理	《美国水产养殖条例》等	《海洋水产资源开发促进法》等	《水产资源管理法》等
渔船	《渔船管理法》等	《渔船法》等	《渔船法》等
渔港	《渔港法》等	《渔港法》等	《渔村、渔港法》等
海岸带管理	《海岸带管理法》等	《海岸法》等	《海岸带管理法》等

资料来源：笔者根据Westlaw、日本法律索引网站法律文件整理得出。

（四）美日韩三国渔业行政执法经验借鉴与启示

国外的渔业产业化相对国内起步较早，渔业管理与执法都有比较完整的法律与制度做支撑，对中国的渔业管理有比较强的借鉴意义。

① Sang-Go Lee, Amaj Rahimi Midani, "Fishery Self-governance in Fishing Communities of South Korea," *Marine Policy* 53(2015): 27 - 32.

1. 完善渔业法律法规体系

在立法体系方面，要向美国和日本学习，完善渔业方面的法律体系，制定相关法律政策，借鉴美、日关于保持渔业可持续发展方面的法律文件。中国要学习日韩的观念，以经济发展和资源协调为起点，不仅要重视渔业发展，还要强调环境保护，保护渔业资源以及水产珍稀物种的繁殖。同时，借鉴日本对渔业违法者的刑事处罚规定，制定更适合中国渔业环境的处罚制度，对于非法渔业捕捞行为，一定加大打击力度，保证渔业管理制度更加完善和全面，执法水平进一步提高，执法工作更加高效有序地进行。

2. 加大渔业执法监督力度

韩国和日本的渔业执法部门是垂直领导，由国家主导，到地方进行分配，执法力度较大，对渔业违法行为处罚力度较大。中国的执法链过长，执法力度不能达到理想效果，目前需要健全执法机构，明确各个机构和部门的职责和权力，加大资金投入，加强对执法队伍的培训。同时，渔业检察员作为监督过程中的重要组成部分，针对他们，我们要完善相关法律法规，加强对他们的培训和管理，加强整体队伍建设，制定保障其生活的各项福利措施，以保证渔业执法监督过程高效完成。

3. 加大渔业科研投入力度

美国和日本在渔业执法上都非常重视对先进技术的利用，如美国拥有世界一流的渔船建造能力，为了缩小和发达国家的差距，中国应该加强对科研人员的重视与培养，加大对资金和设备的投入，提高队伍人员的整体素质。同时加大对高科技设备的研发力度，强化对渔船的研发与设计，提高自动化水平，以建造更为先进的渔船以及更加高效的执法装备。

五　进一步完善中国渔政执法支撑体系

在分析中国渔业行政执法现状、问题、原因，结合南海渔政执法个案研究，借鉴美日韩三国渔政执法经验的基础上，提出构建中

国渔政执法支撑体系的大致框架。

（一）完善渔政执法法规

1. 修订《渔业法》

首先，在水产种质方面，鼓励各个单位对珍稀水产资源进行保护，建立水产种质资源保护区。其次，对水产苗种的种植，要建立相关的法律法规，防止水产苗种的质地出现问题。国家要出台相关政策鼓励渔民和水产养殖户多采用绿色作物种苗，也要做到保护养殖户的合法权益不受损害，对于一些有困难的养殖户，要设置合理的政策给予补贴和扶持。最后，在渔业资源的增殖和保护上，一方面要做到保护现有的渔业资源，及时对海洋中的渔业种类进行观察，如有渔业总类比例失调的情况要上报，对于种类明显偏少的渔业资源进行有效补给。另一方面，杜绝一系列对生态危害较大的行为，如炸鱼、毒鱼等，若发现违规行为，要实施相应的处罚措施。

2. 完善《远洋渔业管理规定》

在《远洋渔业管理规定》中要重点明确渔政执法人员的权力和责任，对于违反规定的处理条款要从严从细，语言表述力求清晰，切实提高渔业执法文件的真实性和有效性。同时理顺上位法和下位法之间的关系，文件中要明确中央和地方的管理权限和职责范围，而且需要不断根据新的经济社会和国际形势发展实际及时补充和修订。同时建立定期法律法规清理制度，对于在新时代不合时宜的法律法规要及时予以废止或部分废止。

3. 修订《中华人民共和国渔业船舶检验条例》等

应当尽快完善对《中华人民共和国渔业船舶检验条例》等行政法规中落后以及陈旧内容的修订，建立相关规章制度，建立顶层管理机制，健全相关渔船法规。首先要做到法律法规与技术管理相一致。中国渔船检验行为主要是政府主导，因此存在效率偏低以及技术落后的情况。中国应该向先进渔业管理国家学习经验，让市场在渔业执法中发挥应有的作用，充分利用市场机制的能动性提升渔业执法水平。

（二）建设渔政执法技术平台

1. 建立综合渔业执法指挥信息系统

在中央建立最高一级的渔政执法信息决策指挥系统，统一不同地区的决策指挥系统标准，将各地方现有的决策系统并入中央一级系统之中。重点建设以下三个方面。第一，审批制度。确定审批流程可视化，同时保证审批反馈和查询无障碍化，公开公布审批事先准备材料，不得在审批的材料上设置障碍，对于不批准的要给出合理理由。第二，渔政执法。同时开发涉外渔政管理系统和电子执法文书系统，细化和规范执法程序，减少自由裁量权，从而提高执法效率和自发的权威性。在综合渔业执法指挥信息系统建立中央和地方渔政执法机构以及执法人员数据库。第三，设备管理。将各地的渔政执法基地、执法舰艇、执法车辆以及执法记录仪跟其他相关执法设备信息统一接入指挥系统之中。①

2. 建立渔业遥感监测系统

加强对渔业信息遥感平台的建立，通过多种途径诸如飞机、卫星、船舶和陆地遥感监测测绘系统，建立近海、重点专属经济区和重要渔港的卫星遥感数据信息库。将人工智能、云计算等最新技术成果和渔业遥感监测系统结合，全面运用空间信息检测系统，结合生态环境的现场评价和勘测结果，开展对渔业资源的管理与评估、对水质的勘测与检验工作，减少渔业灾害的发生。②

3. 建设应急救援信息平台

全面整合地方政府已经建立的渔船救援指挥系统，实现信息共通，建立综合性、现代化渔业应急救援信息平台。农业农村部、自然资源部以及地方渔政部门等部门要充分利用当前科技发展成果，

① 董加伟：《论我国渔政执法信息化建设的实施路径》，《中国水产》2016年第1期。

② 董加伟：《论我国渔政执法信息化建设的实施路径》，《中国水产》2016年第1期。

对于老旧执法车辆、执法船艇、执法记录仪以及其他的执法设备要及时进行更换，进行更新改造或者重新采购，配备灵活性强、性能好、效率高的执法装备，以适应监管工作的需要。

（三）加大渔政执法力度、幅度

1. 建设渔政执法船艇车辆、执法码头基地

要及时对老旧执法车、执法船艇以及执法记录仪等相关辅助执法设备进行更新换代，配备更加先进、性能更加强大、效率更高的执法装备。也要注重数量和质量的结合，具体的采购数量和设备型号要经过专家组根据渔政执法的客观需要进行的评估来确定。执法装备的内部配给同样重要，在装备数量一定的情况下，执法装备应该优先配给渔政案件频发、海域面积较广以及与中国周边临海国家渔业纠纷不断的地区，如南海，在保证一定质量的同时，执法装备的数量也必须达到一定水平。[①]

2. 加强建设渔政执法队伍

在全国范围内对渔政单位展开调查，对渔业相关执法人员进行资格审查和管理，同时鼓励各单位举办相关技能比赛和渔业法律内容考试以加强执法人员的执法能力。中国渔政执法人员大多采用事业单位编制，为激发广大人民群众参与渔政事业的积极性，政府可以考虑将渔政执法人员纳入公务员编制，给予购房津贴及教育、交通和医疗方面的福利。同时，政府应该创新社会治理方式，将一些渔政执法任务委托给有资质的第三方社会组织或者个人。此外，政府可以和各大海洋领域的高校合作，招收具备渔政领域法规和专业素养的人才，给予充分的福利待遇以及明确的晋升通道，切实保障能够把人才留在渔政队伍中。

3. 发展远程教育

这对于渔政执法人员不断适应新的执法法律背景和社会经济背

---

① 徐晶：《南海渔业行政执法问题与对策分析》，硕士学位论文，广东海洋大学，2015，第 32 页。

景具有重要意义。具体而言，要建立渔政执法人员定期培训和远程教育制度。培训和远程教育的内容可以分为理论和实践两部分。理论部分要侧重熟练掌握渔政领域相关的法律法规，侧重执法程序和具体执法细则，实践部分要侧重和执法对象的协调沟通。

4. 积极开展“亮剑”渔政执法行动

要求各市、县级单位组织开展“亮剑”护渔活动，加大对水生野生动物的保护力度，对濒危海洋生物、重点水生野生动物及其栖息地进行保护。严厉打击“三无”渔船，对于船证不符或者证件不齐的渔船要限制其作业，禁渔区、禁渔期的捕捞行为也要坚决禁止，大力整治电鱼、炸鱼等非法捕捞行为，提高执法频率，加大执法力度，做到对海洋渔业的全面保护。

5. 强化对渔港的建设和管理

加强渔港的综合管理，包括安全管理、渔业管理、防灾救灾能力建设，积极推进建设一批集高效、安全、引领性强等特点于一体的渔港示范区，积极推动出台《关于加强渔港建设与管理　促进渔港经济区全面发展的意见》。推动渔港智能网络化建设，为渔港引进智能化管理系统和设备，搭建先进的渔港综合管理平台，自动化生成渔船的出入港系统报告，以达到对渔船进行追踪的目的。

（四）建立科学管理机制

1. 建立完整渔业船舶数据库

将渔业船舶数据和渔民的个人信息绑定，如身份信息、捕捞许可信息、捕捞额度信息以及渔政处罚奖励信息等，对于异地申请捕捞许可的渔民，通过查询渔业船舶数据判断其是否符合申请条件；对于涉嫌违规捕捞的，由处罚决定机构将处罚决定发往渔业船舶登记所在地渔政管理部门进行实际处罚，并且实际处罚部门和处罚决定部门的处罚内容要尽量保持一致。①

---

① 徐晶：《南海渔业行政执法问题与对策分析》，硕士学位论文，广东海洋大学，2015，第 32 页。

2. 建立科学考核管理系统

细化执法规则和执法程序，由专人记录渔政执法人员的执法行为，评估委员会负责评估执法的合理性和科学性，以此作为奖励晋升和处罚的依据。同时建立案件负责人制度，对于某一执法人员负责的案件，一旦出了问题直接追究责任人的责任。

3. 建立部门间的协调配合机制

建立渔业船舶数据库以及科学考核管理系统具有极强的现实意义。这在很大程度上会提升中国渔政执法的科学性和高效性，能够有效利用渔政执法资源，从而为中国海洋经济发展保驾护航。

（五）建立有效的监督制度

1. 加强渔政督察行风建设

督察体系的建立对于监控中国渔业行政执法过程有很强的效力，行政监督力度的大小直接影响中国渔政执法水平、效率的高低。督察行风建设需要政府加强对执法监督队伍的管理和投入，加强执法人员对相关理论知识的考核和培训，规范内部风纪，避免发生行政执法人员存在违规违纪行为而严重影响监督行为的有效进行的情况。①

2. 建立执法监督评价标准

对于渔业执法过程的有效性有时无法直观判断，需要通过相关的标准来观察是否会存在一些执法漏洞或者执法过程有效性的不足，因此，一套完整合理的标准有必要建立并实施起来。

3. 建立渔政执法错案责任追究制

出于渔业执法过程中的外在因素，执法结果可能会有失公允，为保护渔民合法权益，必须加强对执法案件的追踪和督察。执法过程一定要重视执法程序，做到调查、审核、决定的三分离，切实保

① 谭晓华：《江门渔政执法研究》，硕士学位论文，华南理工大学，2011，第28、29页。

障每一位渔民的利益不受损害，让执法过程更加公正、透明。①

4. 完善第三方监督

渔政执法监督需要内外监督并行，内部监督指渔业监管系统内部人员组织的监督，外部监督主要指国家机关行政组织的监督。同时，要发挥人大监督、司法监督、舆论监督的共同作用。人大是中国的最高权力机关，一定要发挥好人大监督的作用，切实保证渔业执法活动顺利进行。

六　健全中国渔政执法体系的对策措施

从组织、政策、资金、人才和信息五大方面进一步健全中国渔政执法体系建设。

（一）组织保障

1. 积极协调农业农村部与自然资源部、发展改革委员会等相关部门在渔政执法体系建设的共振关系

分别在中央和地方建立渔政改革工作领导小组。在中央，建议以副总理为组长，自然资源部、农业农村部、海关总署和公安部主要负责人担任副组长，以上各机构科室工作骨干担任组员。地方沿海省（区、市）由主管海洋与渔业经济的副省长担任组长，各地方渔政相关机构负责人担任副组长，各相关机构科室业务骨干担任组员。在市县一级单位按照上级部门政府机构设置，纳入政府机构序列。中央一级渔政改革工作领导小组确定改革工作的目标、原则、顶层设计以及时间路线图，各地方按照中央渔政改革领导小组的要求确定自己的行动路线。

2. 重视农业农村部渔政渔监局在渔政执法体系的领导作用

一切和海洋相关的事务交由国家海洋委员会负责，然后按照事

---

① 陈善思：《我国渔业行政执法问题研究——以重庆市开县渔业行政执法为例》，硕士学位论文，西南政法大学，2014，第22～24页。

务的性质，将事务分配给相关的海洋委员会下属的原先的五个部门的其中一个具体负责。当然，在必要的情况下，国家海洋委员会的最高负责人可以进行协调，让多个部门共同负责某个重大的事务，根据事务发生的区域，由黄渤海局、东海局或者南海局具体负责，国家海洋委员会及其所属部门负责提供资源支持和协调工作。

3. 重视社会组织在渔政执法体系的作用

中国目前的捕捞渔业中，小型渔业较多，主要的社会渔业组织就是渔民合作社，为了保证民间组织在执法体系中发挥应有的功能和作用，针对渔业组织的自治方面，首先要发挥创新作用，填补渔业权的缺失部分，发挥渔民的自主管理作用，其次是要健全管理机制，保证渔民组织内部能够合法经营和顺利进行。通过加大政策扶持力度，引导一部分年富力强的海洋捕捞渔民上岸转行谋生。[①]

（二）政策保障

在大部制改革背景下改革渔业行政执法，适时做出一系列调整变革。无论是中央还是地方都要认识到陆地资源日益枯竭的现状，认识到构建科学高效的渔政执法体系对于发展海洋经济具有重要意义。党中央、国务院要对渔政执法主体的改革工作组做出有力的支持，发布渔政改革相关文件，将渔政改革工作纳入国家战略，确定渔政改革工作的目标、原则、顶层设计和时间路线图。

合并执法主体：转变中国许多地方在渔政方面存在的多头执法的情况，进行权力整合，组建一支综合渔政执法队伍，行使水产养殖、渔政监督、船舶检验、行政处罚等的职能和权利。在权力层级的划分方面，应做到各个层级有不同的执法重点，减少执法过程中职权分配不清晰、职能交叉重叠的现象，明确地对各项职权进行科学合理的划分，这样才能从根本上解决错位和缺位的问题。

---

① 孙吉亭、卢昆：《中国海洋捕捞渔船“双控”制度效果评价及其实施调整》，《福建论坛》（人文社会科学版）2016 年第 11 期。

（三）资金保障

1. 借鉴国外经验，保证资金来源

中央和地方政府要认识到财政支持对渔业执法工作的重要性。资金充裕是保证执法有力和高效的重要前提条件，否则，一旦资金不充足或不到位，各项执法工作就无法及时有效地进行。资金的投入可以保证各种执法设备的采购和各种执法设施的建设，此外还可以用更加充足的资金引进更高水平的工作人员，给执法人员提供福利和物质保障，增强执法队伍的稳定性，降低由福利待遇问题导致的过高的流动性。

2. 加大对渔业执法的资金投入，保证执法工作顺利进行

在宏观层面和顶层设计上，建议中央和地方财政分别予以一定的扶持。建议中央财政出65%，地方财政出35%。在中央设立渔业与海洋财政预算委员会，由国务院副总理担任主任，财政部部长，中国海警、海监、海事、渔政以及海关缉私局部门负责人担任副主任，由海洋和渔业领域的专家团担任财政预算顾问，评估渔政执法和海洋经济发展所需的预算数额，按照中央和地方的分担比例承担预算数额。

在微观操作层面上，各地方局可以设立渔业与海洋经济发展专项资金，用于解决渔政执法经费问题，包括执法人员的工资、执法装备的采购等；并且要设立专项资金使用监督处，专项资金的每一笔必须公开具体用处、数额以及相关明细等，防止出现贪污腐败。同时，在该专项资金中分出一部分，设立渔业发展基金，以渔民或者渔业组织的日常守法和合规行为为评估基础，向其提供远低于市场利率的发展贷款，以帮助遵守渔政法律法规的渔民。对于渔民或者渔业组织，采用一票否决制，一旦其有任何一次违法行为，以后不再向其提供任何贷款。

（四）人才保障

1. 保证渔政执法专业技术人才的需求

中国目前的渔政执法队伍编制较少，整体学历层级较低，从建设高效现代化的执法队伍角度考虑，和我们目前想达到的队伍建设目标

相距较远，因此需要不断开展渔业相关理论知识的培训，丰富执法人员的专业知识，提升执法人员的法律法规专业素养以及执法能力。

2. 系统培训国际海洋法、海商法、区域经济、生态环保、经济地理等多种专业人才

对于执法队伍的专业知识培养要做到细致而又广泛，深化执法人员对理论知识的全面了解，以避免出现执法过程中理论知识储备不足而导致的执法不公问题。不仅要了解海洋执法过程中可能涉及的相关法律法规，提高执法过程的效率，而且要强化对经济和地域的了解，全面提升渔政执法水平。

（五）信息保障

1. 重视中国渔政执法的现代信息技术系统建设

运用现代网络技术多维度构建渔政执法信息系统。随着科学技术的发展，渔业捕捞技术水平也在不断提高，在渔业执法过程中也要相应加强对高新技术的应用。应在现有的执法基础上增强中国的电子政务的高效性，搭建网络化的集成电子信息平台。同时建立渔政执法办公内部网络，建立员工的电子档案库，提高电子办公的普及率，做到网络办公系统涵盖各项公文、科研成果、信访服务等。

2. 突出科学技术在渔政执法中的应用

利用现代化技术和高科技力量提升渔政执法效率和水平。加强对水产科学院的重视，强化科研人员对高新技术和先进渔业设备的开发与使用，加大科研经费在渔业执法技术开发和利用投入方面的比例，对于有突出科研成果的科研人员，额外增加相应的福利和补助，激发科研工作者的科研积极性和创新性，从而提高高新技术设备的研发效率。同时注重对高校的水产科以及海洋学科的研究生的培养，在课程设置上有所侧重。

3. 加强渔政执法基地建设

渔政执法基地为海上执法提供后备力量，在执法过程中，执法基地可以提供给执法人员相应的设备和装置，没有渔政执法基地，就无法高效有序地完成海上执法任务。同时，渔业执法基地对于勘测海洋环境、掌控海上实时局面起着重要作用，一旦发生异常便会开始通报情况，为中国海上国土安全提供保障。因此，要加强渔政执法基地建设。

4. 加快渔政执法装备升级

加快对破旧渔船的改造升级，应用现代化技术，提高渔船的坚固性，以适应远洋执法需要。对于渔船的使用而言，不同材质的渔船船龄结构不相同，使用年限也存在不同，钢制船的渔船船龄在20年以上的比例大于其他类型的渔船，因此应该增加FRP材料在渔船中的使用，延长渔船的耐用年限。

七　渔政执法体系建设对海洋渔业的资源保护与产业发展的作用

如图1所示，渔政执法体系的建设与完善与渔业经济的发展不是独立存在的，而是相辅相成的，渔政执法工作的顺利开展不仅能改善海洋各类渔业资源的生存环境，促进海洋渔业生物资源的生长繁殖，还能加快海洋渔业产业的发展，同时提升海洋渔业资源的经济效益。同样，在海洋这个巨大的生态循环系统中，渔业资源和海洋是相互依存的命运共同体，海洋生态环境改善，会有利于海洋渔业生物资源的生存发展，只有海洋渔业生物资源持续生长繁殖，海洋渔业产业和经济才能持续发展。同时，渔政执法工作的顺利开展也依赖海洋环境和渔业资源的生产发展。

对渔业行政执法制度的改革有利于树立“山水林田湖生命共同体”理念，推动海洋渔业永续发展。海洋资源对国家的战略发展有重要的作用，随着海洋强国战略的提出，中国也开始重视对海洋资源的开发和保护。当今世界国际形势复杂，局势争端明显，合理开发与利用海洋资源，维护中国海洋权益，逐渐成为中国大国战略的施政要点。海洋渔业存在许多非法捕捞和过量捕捞的情况，导致海洋渔业资源遭到过度损害，海洋环境也受到相应的威胁。为了防止渔业环境和资源遭到破坏，减少损失，我们需要进一步保护渔业资源和生态环境，增强水域生态环保意识。海洋环境的改善有利于渔

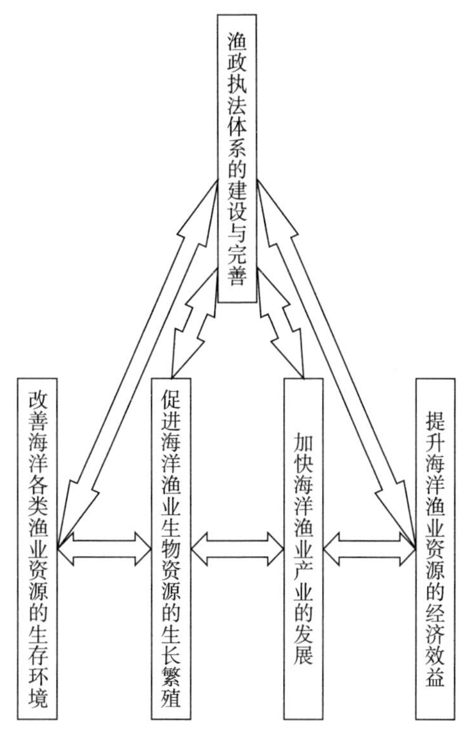

图1　渔政执法体系建设与渔业经济发展的关系框架

业资源的生存繁殖和渔业产业的发展进步，因此，渔政执法体系的建设对中国海洋渔业高质量发展起着举足轻重的作用，同时对中国步入海洋强国行列起到了推动作用。

Research on China's Marine Fishery Law Enforcement Support System and Fishery Development

Zhu Jianzhen, Liu Hanbin, Yang Rui

(Marine Economics and Management Research Center, Guangdong Ocean University, Zhanjiang, Guangdong, 524088, P. R. China)

Abstract: On the basis of summarizing the representative achievements of the domestic and international fishery law enforcement support system research and expounding the research significance of the Chinese fishery administration law enforcement support system, this paper analyzes the status quo and problems of China's marine fishery law enforcement and the improvement of China's marine fishery law enforcement support system. Objectives and significance, the paper illustrates the status quo and problems of fishery administrative law enforcement in the South China Sea region, points out the key points and difficulties in the law enforcement process, and proposes targeted research strategies and programs. By studying the experience of fisheries administrative law enforcement in the three countries of the United States, Japan and South Korea, and comparing the problems existing in the administrative law enforcement system of China's marine fishery, from the five aspects of organization, policy, capital, talents and information, we propose to further sort out the support system of China's fishery law enforcement and improve China. Countermeasures for the construction of marine fishery law enforcement system. Meantime the paper points out the significance to fishery development.

Keywords: Fishery Administrative Law Enforcement; Law Enforcement Support System; Criminal Justice

（责任编辑：孙吉亭）

中国国家海洋公园发展、存在的问题与建议

张明君*

摘　要　国家海洋公园的建设是一条把生态环境保护和资源开发利用完美地结合起来以利用海洋资源的途径之一，也是当前国际上大多数国家采用的保护海洋生态环境的形式。随着生态文明建设的提出，中国国家公园体制蓬勃发展，但是中国国家海洋公园建设历史相对较短，已建立的国家级海洋公园面临法律法规层级低、专项立法缺乏、管理体制不健全、专门的管机构和专业的管理人员缺乏且公众参与不足的窘境。本文立足于中国国家海洋公园建设现状，针对建设中存在的立法缺位与管理不足等问题，借鉴澳大利亚以及美国成熟的经验提出完善建议。

关键词　海洋生态系统　海洋保护区　海洋景观　国家海洋公园　澳大利亚大堡礁

* 张明君（1985～），女，中国海洋大学法学院博士研究生，主要研究领域为海洋环境法。

一　引言

海洋有着丰富的资源和独特的海洋景观，人类对海洋的开发已经有几千年的历史，过度开采海洋资源使海洋环境遭到严重破坏，为保障海洋资源可持续利用，防止海洋环境进一步恶化，海洋保护区应运而生。[①] 随之兴起的还有国家海洋公园的建设，这是一种将生态环境保护和资源开发相结合，可持续利用海洋资源的新路子，既为公众提供了休憩、教育、科研的空间，又达到保护海洋生态环境的目的，还能为当地的经济发展带来巨大的驱动力。

十九大报告指出“加快生态文明体制改革，建设美丽中国”，“坚持陆海统筹，加快建设海洋强国”，并将海洋生态文明建设摆在重要地位。基于此契机，本文比较国际上成功的国家海洋公园建设的案例，总结其在立法设置、管理理念等方面的措施，提炼出其中的经验，为完善中国国家海洋公园建设提供参考。

二　国家海洋公园以及中国国家级海洋公园的发展

（一）国家海洋公园的发展

国家公园已经成为国际上比较认可的一种重要的自然保护形式。这一概念最初主要是源于对原始自然景观的保护。它兴起于美国。19 世纪的西进运动使美国西部的环境遭到严重破坏，出于对子孙后代利益的考虑，美国在 1872 年通过法案建立了第一个国家公园，随后这种保护生态的模式在世界范围内得到发展。1969 年，世界自然保护联盟（IUCN）对国家公园的定义得到了全球学术组织的普遍认同，即国家公园是这样一片比较广大的区域：“（1）它有一个或多个生态系统，通常没有或很

① 楼东、谷树忠、钟赛香：《中国海洋资源现状及海洋产业发展趋势分析》，《资源科学》2005 年第 5 期。

少受到人类占据及开发的影响，这里的物种具有科学的、教育的或游憩的特定作用，或者这里存在具有高度美学价值的自然景观；（2）在这里，国家最高管理机构一旦有可能，就采取措施，在整个范围内阻止或取缔人类的占据和开发并切实尊重这里的生态、地貌或美学实体，以此证明国家公园的设立；（3）到此观光须以游憩、教育及文化陶冶为目的，并得到批准。"① 作为其中的一个分支，国家海洋公园也是保护海洋资源的重要途径。各个国家由于地理位置、自然环境、经济发展水平都存在差异，在建立国家海洋公园之初，所选用的类型以及名称并不完全相同，如美国的国家海岸公园、加拿大的国家海洋公园，但主要目的都是在保护海洋生物多样性的同时能提供给大众休闲游憩的场所并拉动当地经济的发展。

这种以海洋生态系统与海洋景观保护为主、海洋科考和环境教育及休闲娱乐为辅的发展模式，较好地满足了生态环境保护和社会经济发展的需要，受到广泛认可，成为国际上海洋环境保护区设立和发展的一种主要模式。②

自美国于 1937 年建立哈特拉斯角国家海滨（Cape Hatteras National Seashore）后，澳大利亚、日本、韩国、英国等相继建立国家海洋公园。③ 1975 年，澳大利亚大堡礁海洋公园成立，面积有 35 万平方千米，每年可吸引上百万游客，带给人们娱乐享受，公园内部还蕴含丰富的生态资源，如珊瑚礁群，它的建立也为这些物种提供了安居场所，保护生物多样性的同时还有助于恢复遭到破坏的海洋环境，客观上提高了当地渔业资源的产量，最终促进该区域渔业经济效益的提升。保护海洋生物多样性也使海底的遗迹得到保护，创造了人们了解古老遗迹的机会，发挥出海洋资源的科研价值以及遗

① 张文兰：《国家公园体制的国际经验》，《湖北科技学院学报》2016 年第 10 期。

② 李悦铮、王恒：《国家海洋公园：概念、特征及建设》，《旅游学刊》2015 年第 6 期。

③ 王恒、李悦铮、邢娟娟：《国外国家海洋公园研究进展与启示》，《经济地理》2011 年第 4 期。

产价值。与此同时，公园的日常维护也离不开工作人员的配备，这也为当地居民提供了大量就业机会，进一步促进当地经济的发展。美国比斯坎国家公园的建立同样如此，在公园内有典型的红树林景观，每年到此处休闲旅游的游客多达50多万①，游客消费创造的经济价值远高于渔业本身的价值。

（二）中国国家海洋公园的发展

中国拥有约18000千米的大陆海岸线，按《联合国海洋法公约》的规定，中国管辖海域约为300万平方千米②，中国共有海岛1.1万余个，约占中国陆地面积的0.8%③，还有丰富的海洋资源。这些优势既为国家海洋公园的建设提供了有利条件，也是保护中国海洋生态资源以及拉动当地经济发展的重要途径。因此，建立国家海洋公园十分有必要。

中国第一个国家公园是2006年在云南建立的普达措国家公园，随后，中国在2008年又批准建立了黑龙江汤旺河国家公园，但这些都不是真正意义上的国家公园，直到2015年《建立国家公园体制试点方案》发布，中国国家公园体制试点工作才算正式启动。④

与陆地上的国家公园相比，中国国家海洋公园的建设相对较晚，根据中国现有的法律法规，最早提到有关国家海洋公园建设的是国家级海洋公园的建立。国家级海洋公园在中国并不是一个独立的类别，它是海洋特别保护区的一种形式。建立海洋保护区是保护和管理海洋资源的重要手段，根据保护程度的不同，又可将海洋保

① 祝明建、黄怡菲、徐健等：《美国和澳大利亚海洋类国家公园管理建设对中国的启示》，《中国园林》2019年第12期。

② 《何谓“海洋国土”?》，http://ecs.mnr.gov.cn/hykp_212/hywh/zrdl/200911/t20091117_1542.shtml，最后访问日期：2020年1月5日。

③ 《自然资源部：我国海岛逾1.1万个　已建成涉岛保护区194个》，http://www.gov.cn/xinwen/2018-07/30/content_5310431.htm，最后访问日期：2020年1月5日。

④ 张文兰：《国家公园体制的国际经验》，《湖北科技学院学报》2016年第10期。

护区分为海洋自然保护区和海洋特别保护区两种类型，其中，“在特殊海洋生态景观、历史文化遗迹、独特地质地貌景观及其周边海域建立海洋公园”。[①] 2010 年修订《海洋特别保护区管理办法》时，中国同时制定了《国家级海洋公园评审标准》。2011 年 5 月 19 日，首批国家级海洋公园建立。自那以后，中国已先后批准建立了 48 个国家级海洋公园。[②] 2015 年 6 月，国家公园体制试点工作启动。同年 9 月，《建立国家公园体制总体方案》发布，明确规定了国家公园体制的指导思想、基本原则、管理体制等，并指出国家公园是“以保护自然生态系统为主要目的，实现自然资源科学保护和合理利用的特定陆地或海洋区域”[③]，可见中国国家公园体制建设是将土地与海洋作为一个统一的整体进行管理，是全新的管理体制，目前处于试行阶段。党的十八届三中全会报告特别指出，“建设生态文明，必须建立系统完整的生态文明制度体系”，“建立国家公园体制”。党的十九大再次提出“建立以国家公园为主体的自然保护地体系”[④]，进一步为国家公园建设指明了前进的道路。本文主要分析中国已经建立的国家海洋公园（中国国家级海洋公园，也称国家海洋公园[⑤]）的建设情况。

---

① 《海洋特别保护区管理办法》，http://www.pkulaw.cn/fulltext_form.aspx? Db = qikan&gid = 1510105271，最后访问日期：2020 年 1 月 5 日。

② 《生态保护与旅游开发相得益彰——国家级海洋公园的实践探讨》，http://60.29.17.139：8888/cme/c/2017 - 08 - 09/30536.shtml，最后访问日期：2019 年 12 月 5 日。

③ 《中共中央办公厅　国务院办公厅印发〈建立国家公园体制总体方案〉》，http://www.gov.cn/zhengce/2017 - 09/26/content_5227713.htm，最后访问日期：2019 年 12 月 5 日。

④ 《关于建立以国家公园为主体的自然保护地体系的指导意见》，http://f.mnr.gov.cn/201906/t20190627_2442400.html，最后访问日期：2019 年 12 月 5 日。

⑤ 《生态保护与旅游开发相得益彰——国家级海洋公园的实践探讨》，http://60.29.17.139：8888/cme/c/2017 - 08 - 09/30536.shtml，最后访问日期：2019 年 12 月 5 日。

三 中国国家级海洋公园建设现状以及存在的问题

（一）中国国家级海洋公园管理现状及存在的问题

1. 中国国家级海洋公园管理现状

机构改革前，中国国家公园采用的是分部门管理和分级管理相结合的管理模式。权责不清是分部门管理最大的弊端，每个部门都想分取利益，一旦出现事故，各个部门又互相推诿。2018 年，中共中央印发了《深化党和国家机构改革方案》，根据该方案将之前的国家林业局、国土资源部、国家海洋局等的职责进行整合，组建自然资源部统一行使管理职责。在新的体制下，各类自然保护区被纳入自然保护地的体系中，并交由国家林业局和草原局管理。目前，该部门还没有理顺被纳入其中的自然保护区、风景名胜区、自然公园、国家公园等相互之间的关系，也没有落实包括海洋类保护区的分类标准、管理目标等。

国家成立自然资源部的同时组建了国家公园管理局，作为专门的机构统一管理国家公园这一体系①，国家公园管理局的设立可以有效革除多部门管理、各自为政的弊端，这也为国家级海洋公园的建设打下了基础，是个良好的开端。

根据目前还在运行的《海洋特别保护区分类分级标准》（HY/T 117—2010）（以下简称《标准》）（见图 1），国家级海洋公园属于第四种类别，同时依据《国家级海洋公园评审标准》，国家海洋公园又分为国家级和地方级，这种不同层级的划分标准主要是根据保护对象的自然属性、可保护属性和保护管理基础来划分的②，国家级海洋公园是指重要历史遗迹、独特地质地貌和特殊海洋景观分

---

① 车亮亮、韩雪：《国家海洋公园及其旅游开发》，《海洋开发与管理》2012 年第 3 期。

② 黄剑坚、韩维栋：《我国国家海洋公园二级管理模式管理行为研究》，《海洋湖沼通报》2012 年第 3 期。

布区①，地方级海洋公园是指具有一定美学价值和生态功能的生态修复与建设区域。②

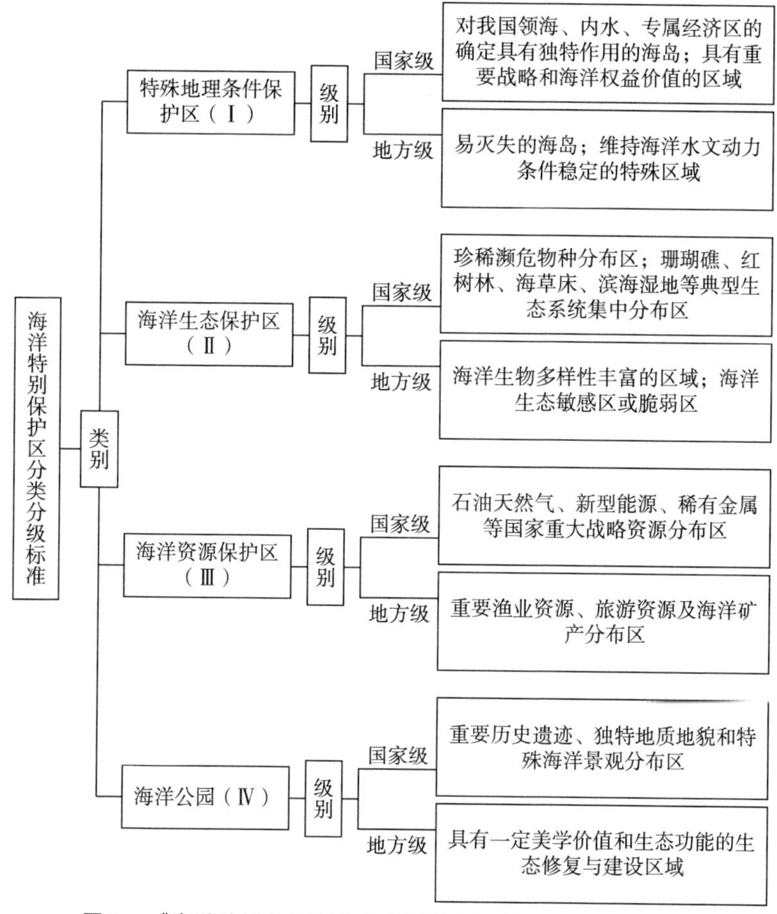

图 1 《海洋特别保护区分类分级标准》（HY/T 117—2010）

资料来源：《海洋特别保护区分类分级标准》，https://www.docin.com/p-546676794.html，最后访问日期：2020 年 1 月 5 日。

这两种级别的海洋公园监督管理部门有所不同。在部门改革之

① 《海洋特别保护区分类分级标准》，https://www.doc88.com/p-743821971330.html，最后访问日期：2019 年 12 月 5 日。

② 《海洋特别保护区分类分级标准》，https://www.doc88.com/p-743821971330.html，最后访问日期：2019 年 12 月 5 日。

前，国家级海洋公园由国家海洋局管理，地方级海洋公园主要由省海洋局、市县地方海洋局、地方政府等进行管理。大部分地方级海洋公园是由地方渔业部门代为管理。由于中国国家海洋公园从属于海洋特别保护区，建立地方海洋公园时，要先向县级以上的人民政府提出申请，经地方级海洋特别保护区评审委员会评审后，报沿海同级人民政府批准设立。① 新的部门组建后，目前已批复建立的不同级别的海洋公园是否保留分级管理的模式还没有落实。

2. 管理中存在的问题

海洋特别保护区根据保护对象的不同分为四类，每一类分别有国家级和地方级两种级别，除了海洋公园外，还有特殊地理条件保护区、海洋生态保护区、海洋资源保护区三种②，这种分类的方式与 IUCN 并不一致。按照我国海洋特别保护区的分类标准，海洋公园在 IUCN 中既可以属于国家公园的类别，也可以属于自然纪念物的类别，这种分类不明晰的状况使公众无法对国家海洋公园与海洋特别保护区形成正确的认知。随着国家公园体制的提出，自然保护地、国家公园、自然公园更多全新概念涌现，进一步说明厘清中国国家级海洋公园的概念、属性以及特征的紧迫性。

新成立的国家公园管理局，统一管理国家公园等各类自然保护地③，它的管理事权最高。该管理局挂牌在国家林业局和草原局下，国家公园体制试点工作也稳步推进，目前10处国家公园体制试点中还没有一处是位于海域上的国家公园。

陆地上的国家公园与海洋上的国家公园相比，后者的复杂程度以及治理难度要远大于前者。新的部门组建后，如何将陆地和海洋统一在一起，目前还处于整合期。一方面，成立自上至下统一管理

① 黄剑坚、韩维栋：《我国国家海洋公园二级管理模式管理行为研究》，《海洋湖沼通报》2012年第3期。

② 闫海、宝丽：《无居民海岛可持续发展的法治保障研究》，《青岛科技大学学报》（社会科学版）2011年第3期。

③ 《我国10处国家公园体制试点稳步推进》，http://www.mnr.gov.cn/dt/ywbb/201907/t20190710_2444585.html，最后访问日期：2020年1月14日。

的管理机构能有效完成顶层设计，真正实现陆海统筹发展；另一方面，海洋的特殊性也离不开专业的管理部门对具体的公园建设工作的指导。目前缺乏专门的管理机构对其进行管理。

在人员配备上，国家级海洋公园的管理人员主要来自对应的海洋与渔业局，缺乏专业人员。专业的工作人员不仅能应对突发事件，而且能在海洋公园管理过程中及时发现问题并提出可实施建议，有助于实现国家级海洋公园的规范化建设。

（二）中国国家级海洋公园立法现状及存在的问题

1. 中国国家级海洋公园立法现状

与国家海洋公园直接相关的《中华人民共和国海洋环境保护法》规定："凡具有特殊地理条件……的区域可以建立海洋特别保护区。"[①] 该条文只是对建立海洋特别保护区的条件和位置做了一般性规定。《中华人民共和国海岛保护法》规定，"对具有特殊保护价值的海岛及其周边海域，依法批准设立海洋自然保护区或者海洋特别保护区"[②]，同样只是一般性规定，缺乏可操作性。《中华人民共和国海域使用管理法》未提及海洋保护区建设，只是明确了"促进海域的合理开发和可持续利用"这一目的。[③]

部门规章《中华人民共和国自然保护区条例》（以下简称《条例》）全面规定了自然保护区的建设，但是仍然没有和海洋特别保护区管理相关的规定，该条例"自 1994 年 12 月 1 日起施行"。[④] 从颁布《条例》至今，中国无论是经济发展还是政治改革都已发生天

---

① 《中华人民共和国海洋环境保护法》，http://www.npc.gov.cn/zgrdw/npc/zfjc/zfjcelys/2018-11/12/content_2065782.htm，最后访问日期：2020 年 1 月 14 日。

② 《中华人民共和国海岛保护法》，http://www.gov.cn/flfg/2009-12/26/content_1497461.htm，最后访问日期：2020 年 1 月 14 日。

③ 《中华人民共和国海域使用管理法》，http://www.npc.gov.cn/wxzl/gongbao/2001-10/29/content_5277076.htm，最后访问日期：2020 年 1 月 14 日。

④ 《中华人民共和国自然保护区条例》，http://www.linxiang.gov.cn/24733/24760/24821/24842/24845/content_1334026.html，最后访问日期：2020 年 1 月 14 日。

翻地覆的变化，《条例》已不能适应当今中国基于陆海统筹的海洋生态文明建设。国家在2005年颁布《海洋特别保护区管理办法》时也没有制定与国家海洋公园相关的规定，直到2010年修改该管理办法时才将国家级海洋公园纳入海洋特别保护区的范畴。

国家级海洋公园是中国国家公园体制建设的一部分，从这个角度看，国家级海洋公园在建设中也要遵守国家公园的相关法规。但目前国家公园立法还是空白。

2. 立法中存在的问题

法律的制定是一切制度建立的前提，也是人们行为规范的标尺。

中国国家级海洋公园立法层级低且缺乏专项立法。没有完善的立法体系以及管理模式，导致的最终结果是公众缺乏参与。无论是工作人员还是普通公民对国家级海洋公园的建设没有深入的理解，保护意识淡薄，最终都会影响国家海洋公园的建设。加强国家海洋公园相关立法，完善管理模式，规范公众的行为，使全民认识、理解国家海洋公园并增强保护国家海洋公园的意识是未来工作的重中之重。

四　国际上国家海洋公园范例简介

国际上有关国家海洋公园的研究相对广泛，并且已有成功的建设实践。

（一）澳大利亚大堡礁海洋公园

1. 管理体系

在管理体系上，澳大利亚选择了垂直管理的方式。在环境部和能源部下设澳大利亚国家公园管理局，国家公园管理局作为它的法定管理机构行使管理权。该管理局是独立的企业法人，局长由澳大

利亚国家总督任免[①]，局长每年要向环境部与能源部等部门提交本年度的履职报告。

通过专门的环境监测系统，实时关注大堡礁海洋公园的健康状况以及潜在的风险，公园管理部门每5年发布一次大堡礁状况报告，便于跟踪珊瑚礁的健康状况。

为了收集到更全面更可行的建议用于发展建设大堡礁海洋公园，澳大利亚在2000年成立大堡礁旅游休闲咨询委员会[②]，委员会的参与者不受国界限制，任何国家任何专业的公众都可以参加。大堡礁海洋公园还会采用跟旅游业合作的方式，通过导游解说的方式让公众了解海洋生态系统、环保的相关知识以及政府的环保规定。

在实际运营中，澳大利亚大堡礁海洋公园提倡一种“珊瑚礁友好型”的活动形式[③]，非常注重人与自然的互动。人们可以在公园里潜水、垂钓、登岛等，但每项活动都有详细的规则要求，游客不可以从公园带走任何物品，真正实现“除了杂物，什么都不带走；除了脚印，什么都不留下”。[④]

2. 立法方面

澳大利亚非常重视海洋公园立法制度的建设，可以说是立法先行[⑤]，先设置法律法规然后成立管理机构[⑥]，目前已经建立了相当完善的法律法规体系。[⑦] 1975年建立大堡礁海洋公园之初，就颁布了《大堡礁海洋公园法》，这部法律是澳大利亚管理国家海洋公园的基

---

① 曾以禹、王丽、郭晔等：《澳大利亚国家公园管理现状及启示》，《世界林业研究》2019年第4期。

② 张天宇、乌恩：《澳大利亚国家公园管理及启示》，《林业经济》2019年第8期。

③ 祝明建、黄怡菲、徐健等：《美国和澳大利亚海洋类国家公园管理建设对中国的启示》，《中国园林》2019年第12期。

④ 邓明艳：《国外世界遗产保护与旅游管理方法的启示——以澳大利亚大堡礁为例》，《生态经济》2005年第12期。

⑤ 颜文洪：《世界遗产与保护地管理模式比较研究》，《城市问题》2006年第3期。

⑥ 张天宇、乌恩：《澳大利亚国家公园管理及启示》，《林业经济》2019年第8期。

⑦ 颜文洪：《世界遗产与保护地管理模式比较研究》，《城市问题》2006年第3期。

本法，详细规定了公园的设立、权利义务的分配等，为国家海洋公园的建立和管理提供了总体指导。[①] 1990年，澳大利亚为了补充上部法律在宏观层面的不足[②]，又颁布了《昆士兰海洋公园法》，这部法律还增加了对昆士兰省毗邻海域的保护规定[③]，到1999年，联邦政府为进一步加快海洋公园系统的建设，出台了《环境与生物多样性保护法》，这在国家层面上为其管理提供了法律依据[④]。

除了上述法律，也有专项法律做支撑。1983年颁布了《大堡礁海洋公园条例》，1993年颁布了《大堡礁海洋公园法（一般环境管理费）》，1995年颁布了《海岸保护和管理法》《大堡礁地区（禁止采矿）条例》，2000年制定了《大堡礁海洋公园（水产业）条例》等一系列专项法规条例。

纵观为保护澳大利亚大堡礁海洋公园而设定的这些法律法规（图2），从颁布时间的密集性以及法律名称的具体性足见联邦政府对海洋公园立法的重视程度。

3. 公众参与

大堡礁国家海洋公园管理局早在2004年就开展了广泛的公众教育，利用电视、广播和社区会议等方式让公众了解海洋公园的建设状况，也会将一系列的大堡礁海洋公园信息地图印制成手册。海洋公园各项计划在实行之前会充分尊重公众意见，以公示形式收集公众的建议和评论。同时还鼓励世居民族参与有关的决策，在尊重他们文化习俗的前提下给世居民族提供工作机会。[⑤]

---

① 祝明建、黄怡菲、徐健等：《美国和澳大利亚海洋类国家公园管理建设对中国的启示》，《中国园林》2019年第12期。

② 潘利利：《我国国家海洋公园建设中的政策研究》，硕士学位论文，上海海洋大学，2019，第40页。

③ 祝明建、黄怡菲、徐健等：《美国和澳大利亚海洋类国家公园管理建设对中国的启示》，《中国园林》2019年第12期。

④ 谢欣：《国家海洋公园建设探析》，《海洋开发与管理》2008年第7期。

⑤ 张天宇、乌恩：《澳大利亚国家公园管理及启示》，《林业经济》2019年第8期。

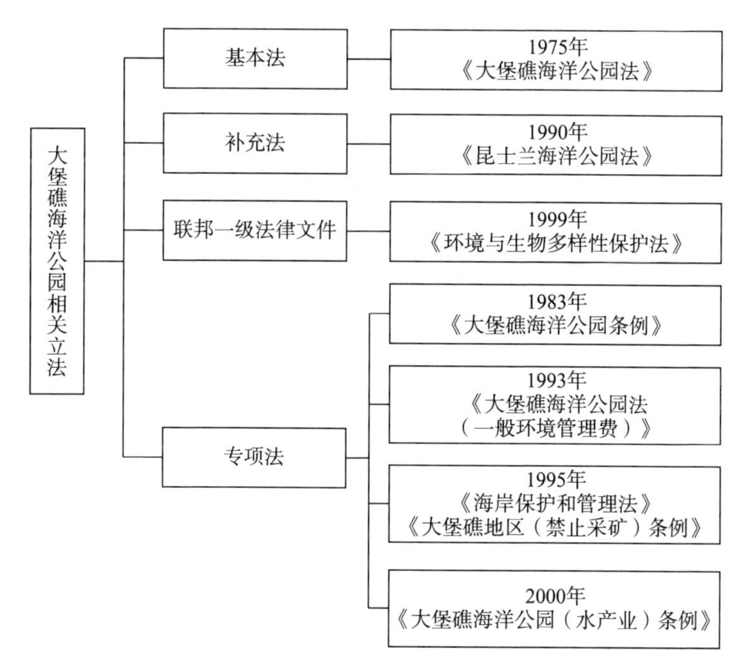

图 2　澳大利亚大堡礁海洋公园相关立法

澳大利亚所有的公共服务都必须接受社会公众的监督和评价①，公园里的一切公共收支公开且透明，无论是游客、渔民、管理者、工作人员还是科研人员，都可以通过访问官方网站的方式实时了解海洋公园的建设情况。公众还可以通过上传照片、视频等形式随时报告公园出现的异常，真正实现全民参与监测评估。②

（二）美国国家海洋公园建设

1. 管理体系

美国设置了国家公园管理局统一管理包括国家海洋公园在内的各

① 谢云挺：《澳大利亚的公众监督》，《党建》2007 年第 3 期。

② 祝明建、黄怡菲、徐健等：《美国和澳大利亚海洋类国家公园管理建设对中国的启示》，《中国园林》2019 年第 12 期。

类国家公园[①]，地方政府无权介入。[②] 在国家公园体制内部，设有非常多的非公共机构，这些机构尽管没有实权但却能通过舆论、资金投入影响国家公园政策的制定。[③] 在管理理念上，始终将海洋公园生态环境和原始景观放在第一位，在此基础上适度开展游憩和教育活动。

国家公园管理局在管理实践中非常注重统一规划，国家海洋公园的规划设计都要由设计中心统一负责，既有战略性、实施性、总体性管理规划，又有年度工作规划和报告，这些统一构成的规划体系从不同层面指导公园建设，管理与发展国家海洋公园。

为了更好地利用社会闲置资源，美国在 1967 年成立了国家公园基金会。国家公园基金会为个人、企业、科研机构等提供了与国家公园合作的平台，也为国家公园的管理和发展提供资金、技术、人力等资源。

2. 立法层面

美国是最早建立国家公园制度的国家，到目前已经建立了一套相对完整的国家公园法律体系。[④] 美国有《1916 国家公园基本法》《濒危物种法》《历史遗迹法》《国家环境政策法》等国家公园体系法律，也有针对公园情况每年修编的海峡群岛国家公园地方性法规[⑤]，这些地方性法规规定了园内人们活动的细节准则。

国家海洋公园的建设总体上要遵从国家公园各层次法规的要求，在管理细节上又需要做到因园而异、科学运营。比如，比斯坎国家公园，公园内垂钓活动非常频繁，在进行广泛公众参与和咨询、听取各方意见后，最终单独编制了针对比斯坎公园垂钓活动的

---

① 《国外旅游景区管理经验的借鉴》，http://www.docin.com，最后访问日期：2020 年 1 月 20 日。

② 张文兰：《国家公园体制的国际经验》，《湖北科技学院学报》2016 年第 10 期。

③ 张文兰：《国家公园体制的国际经验》，《湖北科技学院学报》2016 年第 10 期。

④ 赵现红：《我国国家公园体制建设战略研究》，《中国旅游评论》2015 年第 2 期。

⑤ 《旅游景区管理》，http://wenku.baidu.c，最后访问日期：2020 年 1 月 20 日。

法案。①

除此以外，美国还有《公园志愿者法》，鼓励普通民众以志愿者的方式参与到国家公园的管理建设中。志愿者可以是妇女儿童也可以是学者，每个人结合自己的实际情况提出申请。志愿者有海洋区域的志愿者和陆地区域的志愿者，两种志愿者服务的内容不尽相同。实现方式主要是通过网络管理，在国家公园的网站上有大概59个国家的链接②，内容丰富并且分类明确。有依照资源种类不同做出的分类，如海峡生物资源类、海峡人文历史类等，有针对群体的不同设置的模块，如游客、孩子，不同的模块介绍不同的内容。国家公园网站上会公布每个时间段需要志愿者提供的服务项目，以便志愿者提前做好准备工作。

3. 公众参与

美国国家公园非常重视公众的参与。它采取的方式主要有四种类型。一是政府信息公开，通过简报、研讨会、展览、新闻专题的方式。二是公众信息的反馈，如召开群体会议、电子邮件回执、民意调查或者问卷等方式。三是设立咨询小组、热线、访谈、开放日、公开会议等增强互动交流。四是上文提到的招募志愿者。例如，比斯坎国家公园设有多种志愿岗位，人们可以通过成为志愿者的方式给游客提供解说服务，参与公园的维护工作，参与的志愿者中不乏学者、艺术家。人们也可以在国家公园网站上举行捐赠会，拍卖出去的艺术品不需要缴纳税金，可直接捐赠给公园使用。

五　完善中国国家海洋公园的建议

分析国际上的成功案例是为了更好地建设中国国家海洋公园。

① 祝明建、黄怡菲、徐健等：《美国和澳大利亚海洋类国家公园管理建设对中国的启示》，《中国园林》2019年第12期。

② 王辉、刘小宇、郭建科等：《美国国家公园志愿者服务及机制——以海峡群岛国家公园为例》，《地理研究》2016年第6期。

结合中国国家海洋公园目前在管理层面、立法层面以及公众参与方面存在的不足，现提出以下建议。

（一）完善管理体制

1. 落实国家海洋公园的管理归属问题

美国国家公园管理局在管理营运时既能在总体上遵从公园法规，又在细节上做到了因园而异，这种做法值得我们借鉴。

国家海洋公园既具有生态价值，又能为我们提供休憩的场所，还能给当地人民带来丰厚的经济价值，再加上党的十八届三中全会"建立国家公园体制"的提出，加快建设国家海洋公园已势不可当。中国已经成立国家公园管理局，这为下一步成立国家海洋公园管理局奠定了基础。可以借鉴美国国家公园管理局设置的理念，在国家公园管理局下设国家海洋公园管理局，专门管理中国国家级海洋公园这一海洋类的公园以及自然保护区，使该管理局由中国国家公园管理局统一管理。有明确且具体的管理部门才能切实把建设国家海洋公园的各项工作落到实处。

2. 明确国家级海洋公园的定位

明确中国国家级海洋公园在国家公园体制中的定位。国家公园体制中有国家公园、自然公园和自然保护区[①]，中国国家级海洋公园是海洋特别保护区的一种，依照这个划分标准，国家级海洋公园在国家公园体制中应属于自然保护区的类别，但与此同时，国家级海洋公园与国家公园、自然公园如何区分是当下管理者应当尽快落实的任务之一。

3. 提高管理局工作人员的专业水平

海洋要比陆地复杂得多，只有配备足够专业的人才，在海洋公园管理中才能有能力识别哪些区域需要管理以及如何管理，只有实现有效管理才能真正提高管理效能。

---

① 包庆德、夏承伯：《国家公园：自然生态资本保育的制度保障——重读约翰·缪尔的〈我们的国家公园〉》，《自然辩证法研究》2012 年第 6 期。

4. 公开国家海洋公园建设情况

无论是澳大利亚还是美国都非常重视信息的公开。这里的公园建设情况既包括海洋公园的健康状况，也包括各种费用的收缴和使用情况，只有透明公开才能实现全民参与。

（二）完善立法设计

中国海域广阔，现已建立的国家级海洋公园分布分散且差距较大，针对不同的国家级海洋公园设置不同的立法，这种立法模式不利于降低立法成本和提高立法效率。从总体上做好国家公园立法工作，完善现有的法律体系，使其更适合中国的国情。

1. 在《海洋环境保护法》中加入国家海洋公园的相关条款

在生态环境部商议《海洋环境保护法》修订之际，建议在《海洋环境保护法》中加入国家海洋公园建设的法律条款，弥补立法空白。在中国的法律体系中，位阶的高低对法律法规的实效性有决定性作用。这种统领式的规定能有效地避免法律位阶过低导致的法律不能实施的情况。目前国家海洋公园的相关法律中最高位阶的法律也只是行政法规，与国家海洋公园的发展需求不匹配。

2. 制定国家公园法

在国家公园体制提出以及国家公园管理局成立之际，国家公园法呼之欲出。法律既是人们行为实施的准则，也是其他制度设立的依据，国家公园体制和国家公园管理局都是新生事物，要想高效运转，离不开法律制度的支持。

3. 制定国家海洋公园专项法律

国家海洋公园从属于海洋特别保护区，但又有别于海洋特别保护区，制定专项法律，可以为国家海洋公园的建设提供明确的法律依据，使其真正有法可依。[①]

---

① 卢宁：《国家公园的模式创新与制度体系研究——以浙江省开化县国家东部公园为例》，《中共浙江省委党校学报》2014 年第 3 期。

（三）加强公众参与

美国和澳大利亚在建设与管理国家海洋公园时都非常重视公民的参与。生态环境的保护和每个人息息相关。一味地强调对海洋环境的隔离保护，机械地将保护与开发割裂开来，并不真正利于海洋生态环境的养护。学习美国以及澳大利亚的做法，将公民纳入海洋公园的建设中，使其成为国家海洋公园建设的一分子，增强公民的海洋生态保护意识，反倒有助于国家海洋公园的建设。

首先，增强公民的海洋生态保护意识。国家海洋公园本身就是一个涉及多种学科的基地，可以为青少年提供教育平台。科普海洋知识、宣传生态文明建设、现场教学可以使年青一代更深刻地理解海洋环境，了解其中的珍稀物种、古老遗迹，从而潜移默化影响一代人的行为。做好宣传工作，还需要站在维护公众利益的角度，注重传达保护海洋生态是为了更好地利用海洋资源的理念。保护国家海洋公园的生态环境以及生物的多样性并不排斥对这一场所的利用，对其合理利用反倒有助于保存海洋文化遗产，为子孙后代提供均等享受的机会。

其次，针对周边社区居民增强其海洋普法意识的同时，应使其参与到国家海洋公园的保护中来。当地居民与国家海洋公园的建设和保护密切相关，发动社区居民共建是降低国家海洋公园建设成本的有效路径。

可以通过宣传海洋保护知识以增强公民的生态保护意识，从而影响和改变人们的生产以及生活方式。海洋这个天然的游憩娱乐的场所在陶冶人们情操的同时，还能增加居民的收入，繁荣区域经济，并进一步推动生态环境保护。[①] 保护国家海洋公园离不开当地居民的参与，应有针对性地对渔民、相关企业职工加强海洋普法知识的宣传。

---

① 王恒、李悦铮、邢娟娟：《国外国家海洋公园研究进展与启示》，《经济地理》2011 年第 4 期。

最后，借鉴美国志愿者服务机制。美国的国家公园志愿者服务有效地实现了全民参与国家公园建设与管理。美国国家公园会在给公园提供规划建议的公民中选拔出实习生，或者直接聘其为工作人员。[①] 这种方式既提高了人们参与国家海洋公园建设的积极性，又提高了参与者的专业性。借鉴这一经验，可利用现在的网络平台，适当下放权力，减少对公众的干预，营造一种公众自发提出改善意见的和谐氛围，激发公众的参与热情，使其积极参与到国家海洋公园的建设中。

The Development and Deficiencies of National Marine Park in China and Suggestions for Improvement

Zhang Mingjun

(Ocean University of China Law School, Qingdao, Shandong, 266100, P. R. China)

Abstract: The construction of National Marine Park is one of the ways to make use of Marine resources by perfectly combining the ecological environment protection and resource exploitation, it is also the form of marine ecological environment protection adopted by most countries in the world. With the development of ecological civilization, National Park system is developing vigorously in China. However, the construction of National Marine Park has a short history in, and the established national Marine parks are faced with the dilemma of low level of laws and regulations, lack of special legislation, unsound management system, lack of specialized management agencies and professional

① 祝明建、黄怡菲、徐健等：《美国和澳大利亚海洋类国家公园管理建设对中国的启示》，《中国园林》2019 年第 12 期。

management personnel, and insufficient public participation. Based on the current situation of China's National Marine Park construction, this paper puts forward suggestions for improvement based on the mature experience of Australia and the United States.

Keywords: The Marine Ecosystem; Marine Protected Area; Oceomscape; National Marine Park; Australia Great Barrier Reef

（责任编辑：孙吉亭）

推进山东海洋生态文明建设对策研究

朱建峰*

摘　要：海洋是地球自然生态系统的根基，更是人类文明的摇篮，代表了人类持续辉煌的未来走向。海洋生态文明建设贯穿海洋强国建设始终，是国家走向繁荣富强的基础支撑。山东是中国海洋强国建设的生力军和国家海洋生态文明建设的重要示范区。本文从法规制度和实践两个层面具体分析了山东海洋生态文明发展取得的成效，总结当前存在的问题，提出进一步推进山东海洋生态文明建设的措施，主要集中于五个方面：强化生态文明顶层设计、推动海洋产业体系绿色转型、完善海洋生态环境治理体系、创新海洋生态文明建设体制、增强全社会的海洋生态文明意识。

关键词：海洋保护区　海洋污染　生态文明　环境治理　生态修复

海洋是地球自然生态系统的根基，更是人类文明的摇篮，代表了人类持续辉煌的未来走向。作为生态文明建设的重要组成部分，海洋生态文明建设贯穿中华民族复兴的始终，是中国海洋强国建设

* 朱建峰（1977～），男，山东社会科学院山东省海洋经济文化研究院办公室副主任，主要研究领域为海洋经济与政策。

的核心任务，是国家走向繁荣富强的基础支撑。为全面贯彻落实国家海洋生态文明建设战略，从中央到地方，从科研院所到企业全面开展海洋生态文明建设，包括加强区域海洋环境治理、划定海洋生态红线、加快海洋生态修复，积极推进海洋生态经济发展，实现陆海资源、环境和产业的协调发展，为国家海洋强国建设保驾护航。山东作为中国海洋强国建设的生力军和国家海洋生态文明建设的重要示范区，海洋生态文明建设任重道远。

加快推进海洋生态文明建设，突出海洋生态环境的绿色化、海洋经济低碳化，重点解决海洋环境突出问题，加快修复海洋生态，建立健全海洋生态文明制度体系，实现海洋资源利用与海洋生态环境保护的协调发展，是山东海洋强省建设的题中之义。

一　山东海洋生态文明发展取得的成绩

（一）政策引导

山东是中国的海洋大省，拥有丰富的海洋资源，生态系统多样化，具备海洋生态文明建设的良好自然地理条件。2018 年 6 月，习近平总书记视察山东时强调指出，“良好生态环境是经济社会持续健康发展的重要基础，要把生态文明建设放在突出地位，把绿水青山就是金山银山的理念印在脑子里、落实在行动上”。这是山东未来社会经济发展所必须把握的基本导向。山东省委、省政府历来重视海洋生态环境保护工作，早在 2004 年就编制发布了《山东省海洋环境保护条例》，山东省是国内知名的海洋生态文明建设强省。目前，山东沿海 7 地市，除莱州湾沿海的潍坊、东营和滨州三市外，其余 4 市全部纳入国家海洋生态文明示范区。

2009 年 12 月和 2011 年 1 月，山东省相继获批《黄河三角洲高效生态经济区发展规划》和《山东半岛蓝色经济区发展规划》，在国内率先推动全国重要的海洋生态文明示范区建设，提出要“科学开发利用海洋资源，加大陆海污染同防同治力度，加快建设生态和安全屏障，提升海洋文化品位，优化美化人居环境”。2013 年开始，山东省陆续发布实施了《山东省海洋功能区划（2011—2020 年）》《山东省渤海海洋生态红线区划定方案（2013—2020 年）》《山东省黄海海洋生态红线划定方案（2016—2020 年）》《山东省海洋主体功能区规划》《山东省近岸海域污染防治实施方案》《山东省全面实行湾长制工作方案》等一系列海域空间规划与海洋污染防控文件，为全省海洋生态文明建设奠定了良好的政策基础。

2016 年初，山东省海洋与渔业厅等七部门联合印发了《关于加快推进全省海洋生态文明建设的意见》《山东省海洋生态文明建设规划（2016—2020 年）》，全面推进“8573”行动计划，对全省海洋生态文明建设进行了整体设计。随后，印发了《全省海洋生态文明建设工作要点任务分解》，将加强海洋综合管理创新、实施海洋生态保护修复、开展海洋生态文明建设试点示范等 31 项任务落实到财政、国土、林业、水利等多部门。① 2017 年底，山东省委、省政府印发《关于推进长岛海洋生态保护和持续发展的若干意见》，推进长岛海洋生态保护，创建国家生态文明试验区，打造蓝色生态之岛。此外，为全面推进海洋生态环境保护，加快海洋产业绿色化发展，山东省发改委等部门先后研究编制了高端化工产业发展规划、先进钢铁制造产业基地发展规划、水安全保障总体规划、新能源产业发展规划、海上风电发展规划等多个行业发展规划，明确了全省涉海产业环保定位与发展重点。

2018 年 4 月，山东省委、省政府发布《山东海洋强省建设行动方案》，提出要推进长岛海洋生态文明综合试验区建设，支持长岛创建国家公园（海洋类）。随后，山东省发改委印发了《长岛海洋生态文明综合试验区建设实施规划》，将长岛海洋生态文明综合试验区建设纳入省海洋生态文明创新发展重点项目。山东省人大配套制定了《山东省长岛海洋生态保护条例（草案）》，现已开始公开征

---

① 田良、秦灿：《山东省海洋生态文明建设探索与实践》，《海洋开发与管理》2017 年第 S2 期。

求意见。同时，还发布实施《建立健全生态文明建设财政奖补机制实施方案》《山东省自然保护区生态补偿暂行办法》《山东省重点生态功能区生态补偿暂行办法》等多个包括海洋生态补偿在内的地方规制，标志着全省海洋生态文明建设开始进入法制化轨道。

2019年2月，按照新修订的《山东省海洋环境保护条例》要求，山东对全省海洋生态环境保护进行分区管理，围绕强化海洋生态保护、推进海洋污染防治、强化陆海污染联防联控、防控海洋生态环境风险以及推动海洋生态环境监测提能增效，明确了未来3年的重点任务。同时，为落实国家《渤海综合治理攻坚战行动计划》，山东省政府还出台了《山东省打好渤海区域环境综合治理攻坚战作战方案》，为渤海区域环境整治明确了具体的目标和行动进度。

（二）取得的成效

山东省先后从法律法规、政策规划与体制机制层面出台了一系列的创新举措，并成立了省海洋发展委员会和省海洋局，为全省海洋生态文明建设创造了有利的制度环境。多年来，山东省坚持陆海统筹原则，以渤海湾、莱州湾、黄河口等重点海域生态环境治理为重点，科学控制海洋开发强度，强化河口海湾生态修复与综合整治，以创新试点的形式加快海洋生态文明建设，加快海洋生态工程和示范区建设。总的来看，山东海洋生态文明建设主要取得了以下几方面成效。

1. 推进体制机制创新，优化顶层设计

推进海域管理体制机制创新，将海洋生态文明建设纳入省委、省政府重要决策范围。全面建立海洋空间管控和海洋生态红线制度，公布实施了山东省渤海和黄海海洋生态红线划定方案。将全省管辖海域划分为优化、限制、重点和禁止开发四大区域，明确了不同的功能海域的排污许可、产业准入、节能减排及保护修复要求。加快海洋生态红线划定，我省划定了黄海生态红线，率先建立起全海域的生态红线制度。全省共划定海洋生态红线区9669.26平方千米，占管辖海域总面积的20.44%，重要海洋生态脆弱区、敏感区

实现了全覆盖。[①]

2. 重视海洋生态保护，加大生态修复投入

高度重视海洋生态文明示范区建设，将青岛、烟台、威海、日照和长岛县先后纳入国家级海洋生态文明示范区建设范围。截至2018年底，全省创建国家级海洋生态文明示范区5个，省级海洋生态文明示范区10个，较好地发挥了海洋生态文明建设的区域示范引领作用。积极开展保护区分类管理，将海洋保护区分为3类，推动保护区分类管理、提档升级，基本形成了较为完善的海洋保护区体系。全面加大海洋生态环境整治与修复投入力度，积极推进蓝色海湾整治和海岛、岸线修复工程，重点支持日照、威海、青岛、烟台争取国家“蓝色海湾”工程资金扶持。

3. 健全海洋环境监测体系，提升海洋监察管理水平

积极推进智慧海洋建设行动，建立健全海洋生态环境监测体系。全省现有37家海洋环境监测机构，21家海洋预报减灾机构，已形成包括省海洋环境监测中心、市级环境监测机构、县级监测机构的三层监测体系。近年来，全省安排2亿多元专项资金用于各级海洋监测机构建设，建成了以浮标和观测站为主的地方海洋监测网。目前，已开始在3个海洋牧场开展精细化预报保障试点，5个沿海市实现了电视播报海洋预报。同时，各级海洋执法部门也加大了海洋监察执法力度，配合国家海洋局开展专项海洋督察工作，有效地遏制了地方非法无序填海和围海养殖活动，规范了海域使用秩序。

二　山东生态文明建设中的问题与不足

（一）近海海域环境质量仍有待改善

全省海水质量监测数据显示：近年来，全省近岸海域水质状况

---

① 《2016年山东省海洋生产总值达1.3万亿》，http://news.eastday.com/eastday/13news/auto/news/china/20170122/u7ai6431628.html，最后访问日期：2020年1月5日。

较好，但局部海域水体污染依然严重。劣四类以下海水面积占全省近岸海域面积的比例仍保持在6%左右，主要分布在小清河口及滨州沿海海域，主要超标物质为无机氮。[①] 莱州湾海域水质污染严重，渔业资源退化，尤其是鱼卵、仔鱼数量持续下降。

（二）陆源污染问题尚未得到有效解决

陆源污染物是造成山东近海海域污染的主要污染物。沿海城乡工农业生产及生活污水大量入海，给河口、海湾等脆弱海域造成严重的影响，特别是渤海海域，80%以上的海域污染物来自陆源排放，导致近岸海域污染加重，关键生态功能区自然环境破坏严重，河口和海湾生态系统功能退化。

（三）海洋开发与保护的矛盾依然突出

沿海地区社会经济的高速发展给海洋生态环境造成较大冲击，特别是围填海及海上生产经营活动，在一定程度上已超越其资源环境承载力，给局域海洋生态系统健康带来损害。山东沿海地区传统临海产业结构失衡，传统渔业、油气化工、船舶海工等传统工业占比较大，且开发强度大、占用岸线多、环境污染重；岸线人工化趋势明显；近海捕捞业强度大，导致中国海洋生物自然资源严重萎缩[②]，可供开发利用的近海海洋资源种类和储量都已经不能满足日益增长的海洋经济发展需求。沿海养殖业的粗放发展，给沿海海水与底质环境造成一定影响，海水养殖污染严重，海域养殖环境容量下降。海上污染管控力度不够，包括船舶污水与港口污水处理设施匮乏，垃圾接收设备不配套。同时，对危化品泄漏、海上溢油等环

① 山东省生态环境厅：《2018年山东省海洋生态环境状况公报》，http://www.sdein.gov.cn/hysthjc/gzxx/201906/t20190604_2261990.html，最后访问日期：2020年1月3日。

② 孙吉亭、卢昆：《中国海洋捕捞渔船“双控”制度效果评价及其实施调整》，《福建论坛》（人文社会科学版）2016年第11期。

境风险防控意识和能力不足，潜在生态环境风险。

（四）海洋生态环境管控能力亟待提升

海洋功能区划制度落实不到位，海洋功能区规划受开发现状制约，功能分区合理性与利用评估不足，部分重要生态功能区和脆弱区未得到有效保护。围填海管控政策存在“一刀切”问题，相关法规规划落实不到位，存在填而未用、规避审批等现象，部分围填海项目审批不规范、监管不到位，造成围填海利用率低下和未按规划和审批利用的问题。部分地区围海养殖管理存在以签订承包协议、合同发包形式直接用海的问题。养殖废水、污染物排放缺乏监管，重点养殖功能区污染缺乏有效监测与评估。岸线保护缺乏统筹规划，人工岸线与自然岸线管理定位不明确，岸线修复倾向于工程化，岸线保护缺乏有效生态手段。

（五）海洋产业绿色化发展相对滞后

传统资源依赖型、劳动密集型和空间利用型产业依然是山东海洋产业的主体，资源利用效率低、污染突出的问题依然存在，海洋产业持续健康发展受到诸多制约。海洋主导产业中，海洋渔业受近海经济鱼类资源枯竭和海水养殖空间不足的制约，传统的粗放式养殖和近海捕捞已难以为继。海洋牧场建设刚刚起步，生态养殖规模小，尚未对养殖环境产生显著影响。水产品加工企业技术创新不足，存在资源利用率低和废弃物利用不足的问题。港口运输以大宗散杂货为主，码头利用率和集约化程度相对较低，航运物流低碳发展及绿色船舶开发利用滞后，航运业污染减排压力大。旅游开发以滨海观光为主，产业开发层次较低，生态旅游产品少，海上旅游污染不容乐观。临海化工及船舶工业产业发展层次低，多数企业处在产业链低端，循环经济与绿色产品开发水平低，产业持续健康发展存在环境短板。

三　推进山东海洋生态文明建设的措施建议

（一）强化海洋生态文明顶层设计

应围绕国家海洋生态文明建设总目标，立足全局、突出特色，坚持科学规划，建立陆海统筹、市场导向、示范引领的海洋生态文明建设总体格局。

1. 坚持规划主导

综合评价不同海域开发利用的适宜性和海洋资源环境承载水平，按照分区布局、差别定位的理念，科学确立海岸带、近海及远海资源开发与生态环境保护格局，编制“十四五”海洋生态文明行动计划。建立陆海一体的海岸带及海域空间规划体系，兼顾功能管制与规模控制，开发与保护协调，推进海域资源与环境的持续利用。编制全省海岸带利用与保护规划，推动建立覆盖山东全省沿海的海洋生态文明示范区网络体系。

2. 坚持陆海统筹

结合陆海环境治理和海岸带生态环境保护，建立陆海一体的适应性管理机制，创新打造陆海统筹的河长制、湾长制等流域污染治理模式，实现海洋环境污染的源头治理。以制度建设推进陆海一体化发展，完善陆海统筹的生态文明制度与政策法规体系，用法律和规制手段来保障海洋生态文明建设的陆海统筹。

3. 坚持市场导向

将海洋生态资本、海域环境成本纳入海洋开发项目的效益评估指标，推动海洋生态服务资源与海域、海岛和岸线资源的市场化配置，提高海洋资源与空间的集约利用程度和海洋生态环境保护的市场调配能力。进一步完善海域使用招拍挂与海洋生态服务的市场补偿机制，全面建立生态保护补偿与生态损失赔偿制度。依托烟台、青岛等地的海洋产权交易中心，探索建立海洋碳汇、污染承载、生态保护市场价值评估与交易机制，引导社会资本投入海洋生态建设

领域。

4. 坚持示范引领

积极推动山东省 4 个现有国家级海洋生态文明示范区建设，以体制机制创新为先导，借鉴先进海洋国家海洋生态环境治理经验，依托陆域生态文明建设，设计有效的海洋生态文明建设模式与发展路径，重点推进青岛陆海统筹、烟台海岛生态建设以及威海黄金海岸生态保护试点，及时评估并调整建设方案，形成可复制、可推广的海洋生态文明建设经验。

（二）推动海洋产业体系绿色转型

坚持低碳环保理念，创新循环经济模式，全面推进海洋产业绿色发展，强化科技创新支撑，优化产业发展模式，科学配置海洋资源，从源头上减少海洋资源开发与海域空间利用所产生的环境污染与生态损害。

1. 强化科技创新支撑

瞄准海洋产业链关键环节，以新技术应用、节能降耗和绿色发展为导向，加大技术创新投入力度，搭建海洋产业绿色化发展技术创新平台。重点选择一些市场前景好的环保技术类群，制定行业行动方案，有针对性地吸收和引进先进成果和方法，推动涉海技术创新机构组建绿色技术创新联合体，以产学研联盟、公共创新平台建设为载体，开展联合攻关，突破制约相关技术产业化的瓶颈，加快传统海洋产业改造升级和海洋新兴产业培育壮大进程。

2. 优化产业发展模式

分类施策，突出重点，制定海洋产业可持续发展路线，明确产业绿色化发展路径，设立绿色产业引导基金。以绿色环保为导向，积极引导和扶持科技型海洋产业发展。加大对沿岸及近海海水养殖、临海产业园区开发及海上旅游开发的政策引导力度，建立绿色产业政策扶持机制，鼓励海洋渔业、海洋新材料、海洋航运及海上旅游生态化发展，积极推广节能环保型的海盐化工、海洋水产品加工及海工装备制造技术，大力发展循环经济，推动临海产业园区向绿色低碳、循环经济园区转化，有效降低海洋产业发展与临海产业园区建设所产生的环境压力。

3. 科学配置海洋资源

按照全省海洋生态文明建设统一要求，明确地方海洋产业绿色化发展定位，制定海洋产业绿色化发展清单，引导海洋资源与海域空间配置向绿色低碳型和海洋战略性新兴产业倾斜。

（三）完善海洋生态环境治理体系

严格落实国家及省（区、市）相关海洋生态文明法律规制，吸收先进海洋生态保护与环境管理理念，完善海洋环境治理标准，严格控制陆海污染排放，加大重点岸线整治力度，加强对海洋保护区的管理，建立精准有效的海洋生态环境治理体系。

1. 细化海洋生态治理标准

系统总结海洋生态文明示范区建设经验，结合山东地方海洋生态文明建设现实需求，参照国家海洋环境标准体系，制定地方海洋环境治理标准，在传统物理、化学环境标准参数的基础上，增加生物多样性、资源利用强度与效率、产业节能减排与绿色化以及生态系统服务等指标，形成与海洋生态文明建设相匹配的产业开发项目环评与审批标准体系和海洋环境管理绩效评估标准体系。

2. 严格控制陆海污染排放

抢抓国家环保机构改革重大机遇，统筹陆海环境管理制度创新与政策协调，建立陆海一体的污染物排放管理机制。严格监管入海排污口，制订陆源入海排污空间配置计划，全面清理非法或设置得不合理的陆源入海排污口，建立重点排污口全覆盖的动态水质监测网络，实时监控入海排污动态。实施陆海区域入海污染物排放总量控制计划，建立陆源污水总量控制制度，统一设立重点河流入海污染物排放总量监测断面，构建重点入海河流污染物变化流域监测体系，最大限度地减少河流污染物的入海排放。

3. 提升海洋保护区管理水平

加大海洋保护区建设投入力度，推动建立以海洋类国家公园为核心的地方海洋保护区网络。实施海洋保护区分级管理，加大海洋特别保护区管理力度，改革现有的国家级海洋公园申建与管理模式，参照国家公园建设管理要求，对以国家级海洋公园为主体的海洋特别保护区管理体系进行调整，严控以保护之名行开发之实的海洋公园建设与管理模式，从根本上清除不符合海洋保护区建设要求的海洋开发和城市建设行为，真正体现海洋保护区的保护价值。

（四）创新海洋生态文明建设机制

引导地方政府创新工作机制，设计海洋生态文明建设路径选择与模式创新，构建差异化的海洋综合管理体制，创新陆海生态环保联动机制，完善海洋生态文明制度建设，推动建立具有地方特色的海洋生态文明建设示范区。

1. 创建适应性海洋综合管理体制

突破传统海洋发展的开发与保护理念，将海洋生态环境保护与海洋开发有机地结合起来，建立陆海规划统筹制度，从规划编制、项目实施、公众参与、管理评估等多个层面强化海洋生态文明建设意识，积极推进海洋开发与保护的多规合一进程。全面推进海洋综合管理体制改革，本着预防性和生态系统管理原则，构建陆海统筹、分级负责、党政同责的海岸带综合开发与保护管理体制。加快陆海管理机构整合步伐，尽快建立陆海一体的生态环境保护、资源开发利用和海域空间使用管控机制，组建海上联合执法队伍，完善统一执法程序和执法标准体系。

2. 创新陆海生态环保联动机制

推进重点海湾与河口海域的生态环境陆海统筹综合治理试点建设，探索建立河海共治环境管理模式。加快编制胶州湾、莱州湾、丁字湾等重点海湾保护利用规划，建立健全海湾生态保护、污染治理、灾害防治区域联动机制。整合流域与海湾生态环境治理网络，逐步建立并完善湾长制、河长制和滩长制等，将重点海湾、入海河流污染源及其防治网络纳入海域环境治理体系，统筹陆海生态环境管理。研究建立跨行政区划的海洋环境保护协调合作机制，以省海洋功能区划和海洋生态红线规划为指导，加强区域海洋环境治理行动的协调配合，提升海域环境保护联动治理水平。

3. 完善海洋生态文明制度建设

以海洋生态文明建设相关法律规制建设为基础，全面推进海洋生态文明建设的法制化、制度化进程。研究制定山东海洋生态文明建设条例，全面规范海洋污染防治、海洋生态整治修复、海洋产业绿色化发展及海洋保护区建设等海洋生态文明建设重点内容，形成制度化的海洋生态文明建设机制。研究制定《山东省海洋生态补偿管理办法》《山东省海湾生态保护管理条例》《山东省海岸带综合管理条例》《山东省海岛保护条例》等，大力推进地方海洋生态文明建设立法。

（五）增强全社会的海洋生态文明意识

树立海洋生态文明理念，搭建公共信息交流平台，倡导绿色政绩观，增强公众的海洋生态文明意识，建立海洋生态文明社会及生产生活体系。

1. 积极倡导绿色政绩观

把海洋生态文明建设作为地方政府的重要职责，纳入沿海地方政府干部考核体系，建立具体可行的量化考核指标体系和评价标准，制定奖优罚劣的权责分担机制，充分调动地方政府推进海洋生态文明建设的内生动力。重点提拔任用一批生态文明意识强、生态环境治理成绩突出的地方政府干部，加大对海洋生态文明建设成效突出地区的财政补贴与奖励力度，使海洋生态文明建设真正融入地方政府的具体行动中。

2. 建立海洋生态环境共治共享机制

创新海洋生态环境公共参与机制，充分利用政府网站、新媒体平台和移动 App 等现代信息工具，依法公开海域使用、海洋生态损害、海洋环境污染信息，加强社会监督体系建设，将居民、社区、非政府组织等纳入海洋生态环境监管与防治网络，鼓励和引导居民与社会团体参与海洋生态环境监管与治理。全面公开涉海规划，落实海洋开发建设项目的环评公示制度和重点项目听证制度，拓宽公众监督渠道。

3. 开展全社会海洋生态文明教育

充分利用世界地球日、世界环境日、世界海洋日等国际环保节日，以及青岛海洋节、威海渔民节等地方海洋环保节庆日，组织开展形式多样的以海洋生态为主体的文化参与活动。加强海洋旅游资源开发与文化产业的融合，打造以海洋生态文明为主题的海洋科普场馆及教育基地，充分利用互联网、虚拟现实技术及人工智能等现代信息技术，以及采用海洋主题摄影展、海洋文化艺术展、海洋虚拟博物馆等①海洋视觉传播方式，开展海洋生态知识和环境保护教育活动。将海洋生态文明教育纳入社区宣教与城乡中小学课程，树立海洋生态保护与环境建设的先进典型，培育全民的海洋保护理念，增强全社会的海洋生态文明意识。

Research on Countermeasures to Promote the Construction of Marine Ecological Civilization in Shandong

Zhu Jianfeng

(Shandong Research Institute of Marine Economics and Culturology, Shandong Academy of Social Sciences, Qingdao, Shandong, 266071, P. R. China)

Abstract: The Ocean is the foundation of the Earth's natural ecosystem, but also the cradle of human civilization, on behalf of the human continued brilliant future trend. The construction of marine ecological civilization runs through the construction of marine powerful country

① 马克秀：《海洋传播刍议》，《现代传播》2019 年第 9 期。

and is the basic support for the country to be prosperous and strong. Shandong is a vital force for the construction of a maritime power in China and an important demonstration area for the construction of a national marine ecological civilization. This article analyzes the effects of marine ecological civilization development from the perspective of laws, regulations, and practice, summarizes the existing problems, and proposes measures to further promote the construction of Shandong's marine ecological civilization. It focuses on five aspects: strengthening the top-level design of ecological civilization, Promote the green transformation of the marine industry system, improve the marine ecological environment governance system, innovate the marine ecological civilization construction system, and raise the awareness of marine ecological civilization in the whole society.

Keywords: Marine Protection Areas; Marine Pollution; Ecological Civilization; Environmental Governance; Ecological Restoration

（责任编辑：谭晓岚）

· 海洋文化产业 ·

国际化语境下中国海洋非物质文化遗产的申报保护机制

潘树红 *

摘　要：中国海洋非物质文化遗产种类丰富、存量厚重，以“点”“线”“面”的形式贯穿中国南北，联通世界相关海洋国家。但中国海洋世界遗产数量也体现了中国海洋非物质文化遗产保护工作的不足，尚未立足于国际化视角来审视中国海洋非物质文化遗产保护工作应有的战略高度和历史任务是中国海洋非物质文化遗产申报保护战略的突出问题。为此，应建立海洋非物质文化遗产申报保护的“国内—国际”双向协同机制，对内形成以海洋非物质文化遗产保护为主体的生态系统，对外立足于国际视野，将中国海洋非物质文化遗产上升到国际高度，扩大中国海洋非物质文化遗产的认知和保护场域。

关键词：海洋非物质文化遗产　世界遗产　遗产申报保护　海洋文明　“妈祖信俗”

* 潘树红（1962 ~ ），女，山东社会科学院山东省海洋经济文化研究院副编审，主要研究领域为海洋经济。

海洋非物质文化遗产是在人类与海洋互动过程中，由沿海社群世代传承而产生的与生产生活密切相关的传统文化表现形式和呈现空间，包括海洋民俗和信仰、海洋传统舞蹈和音乐、海洋民间文学、海洋传统技艺和曲艺、海洋传统体育活动等多种类型。海洋非物质文化遗产是中国海洋文明和海洋历史的现实见证，是中国海洋战略发展的重要内涵，也是维护国家主权和领土完整、保障国家海洋权益的事实基础和法理依据。[①] 尤其是在“海洋强国”战略、“一带一路”倡议和“海洋命运共同体”的构建中，从国际化的视角和高度来思考中国海洋非物质文化遗产保护这一历史课题，形成具有吸附力、向心力、凝聚力的中国海洋文明核心价值理念至关重要，它是提高中国海洋国际话语权应有的文化构想和文化担当。

世界海洋遗产申报是海洋非物质文化遗产保护的一种世界性行为，也是将中国的海洋非物质文化遗产上升到国际高度的有效形式。从 2005 年世界遗产委员会设立“世界遗产海洋项目”起，全球共有 37 个国家的 53 项海洋遗产被列入《世界遗产名录》，其中，有 6 项为海洋自然文化复合遗产，44 项为海洋自然遗产，3 项为海洋濒危自然遗产；在联合国教科文组织评选的《人类非物质文化遗产代表作名录》中，共有 20 项与海洋相关的非物质文化遗产项目（见表 1）。世界级海洋相关遗产数量的不断提升，既说明了世界和人类对海洋的愈加重视，也说明了海洋遗产保护的重要性和紧迫性。而在这 73 项世界级的海洋遗产中，中国仅拥有“中国黄渤海候鸟栖息地”一项海洋自然遗产资源和“妈祖信俗”“中国水密隔舱福船制造技艺”两项海洋非物质文化遗产资源，遗产数量未能彰显中国在建设海洋强国、传扬中国核心价值观、树立海洋文化理念、推动世界海洋文明交流与发展中应有的行动力度和话语高度。世界级文化遗产的申报保护是在国际化语境中、在国际舞台高度上对海洋非物质文化遗产的有效保护形式。因此，通过世界遗产的申

---

① 曲金良：《“环中国海”中国海洋文化遗产的内涵及其保护》，《新东方》2011 年第 4 期。

报来推动中国海洋非物质文化遗产的抢救和保护，将中国海洋非物质文化遗产上升到国际化发展的战略高度，是中国海洋文化遗产保护工作的一项重要使命。

基于此，本文首先对中国国家级海洋非物质文化遗产名录的分布结构和线路空间进行梳理，分析目前中国海洋非物质文化遗产申报保护的现状以及存在的突出问题，在中国海洋非物质文化遗产抢救和保护实情与需求的基础上，立足于将中国海洋文化遗产的保护工作上升到国际舞台的高度、上升为一种世界性的行为的国际化战略高度，提出保护中国海洋非物质文化遗产、加快海洋非物质文化遗产申报的“国内—国际”双向协调机制。

表 1　《人类非物质文化遗产代表作名录》中与海洋文化相关的名录

序号	海洋文化遗产项目名单	所在地
1	中国水密隔舱福船制造技艺 （Watertight-bulkhead technology of Chinese junks）	中国
2	妈祖信俗（Mazu belief and customs）	中国
3	皮尼西船 - 印尼南苏拉威西造船艺术 （Art of Neapolitan ‘Pizzaiuolo’）	印尼
4	阿尔贡古国际渔业文化节 （Argungu international fishing and cultural festival）	尼日利亚
5	济州海女文化（Culture of Jeju Haenyeo）	韩国
6	济州岛七美瑞永登仪式（Jeju Chilmeoridang Yeongdeunggut）	韩国
7	地中海饮食（Mediterranean diet）	西班牙、希腊、意大利和摩洛哥
8	波斯湾地区伊朗蓝吉木船的传统造船与航海技术 （Traditional skills of building and sailing Iranian Lenj boats in the Persian Gulf）	伊朗伊斯兰共和国
9	加纳利群岛中戈梅拉岛的哨语 （Whistled language of the island of La Gomera, the Silbo Gomero）	西班牙
10	马略卡的西比尔之歌（Chant of the Sybil on Majorca）	西班牙
11	科西嘉岛的世俗和礼仪口头传统 （Cantu in paghjella, a secular and liturgical oral tradition of Corsica）	法国
12	桑科蒙：桑科的集体捕鱼仪式 （Sankémon, collective fishing rite of the Sanké）	马里共和国

续表

序号	海洋文化遗产项目名单	所在地
13	扎克里森瓦尔岛的“跟随十字架”游行（Procession ZaKrizen（‘following the cross’）on the island of Hvar）	克罗地亚
14	波罗的海歌舞盛典（Baltic song and dance celebrations）	爱沙尼亚、拉脱维亚、立陶宛
15	塔奎勒岛及其纺织工艺（Taquille Island and Its Textile Technology）	秘鲁
16	日本神奈川女孩舞蹈节（Chakkirako in Japen）	日本
17	瓦努阿图沙画（Vanuatu Sand Drawings）	瓦努阿图共和国
18	基努文化空间（The Kihnu Cultural Space）	爱沙尼亚共和国
19	加利弗那语言、舞蹈和音乐（Language, Dance and Music of the Garifuna）	伯利兹
20	兰瑙湖玛冉瑙人的达冉根史诗唱述（The Darangen Epic of the Maranao People of Lake Lanao）	菲律宾

资料来源：根据联合国教科文组织官方网站信息整理，网址：https://ich. unesco. org/en/lists? multinational = 3&display1 = inscriptionID#tabs，最后访问日期：2020 年 1 月 10 日。

一　中国海洋非物质文化遗产名录的时空分布

中国海洋非物质文化遗产资源丰富、种类繁多，沿中国沿海城市分散而布。一个又一个种类不同、特征各异的海洋非物质文化遗产、遗迹点是构成中国海洋非物质文化遗产网络的最小单位。同时，又有一些种类相同、特征相似的海洋非物质文化遗产遗迹，分散在同一沿海省（区、市）的不同区域或者跨越省（区、市）而分布。但在人类活动脉络中，随着迁移和交流而形成了在时间上和空间上具有连贯性的海洋非物质文化遗产线路，如“古代海上丝绸之路”线路、“徐福东渡传说”线路等；或者还有一些海洋非物质文化遗产，它们虽不在同一地方，却以相同的方式有规律地进行海洋文化的表达，这些海洋非物质文化遗产以一种空间分布的形式宏观地分布于世界地图之中，如“妈祖信俗”。这也是中国海洋非物质文化遗产走向国际舞台的重要路径。因此，从微观的“点”到

“线”的梳理，再到“面”的阐述，贯穿中国南北、联通世界相关海洋国家，能够更加立体地、全面地梳理中国海洋非物质文化遗产资源。

（一）海洋非物质文化遗产“点”的布局

本文梳理了中国大陆地区的国家级非物质文化遗产中与“海洋文化”相关的非遗名录，共遴选出52项海洋非物质文化遗产，以此作为中国海洋非物质文化遗产的统计分析样本。① 将统计数据反馈到图1、图2中，如下所示。

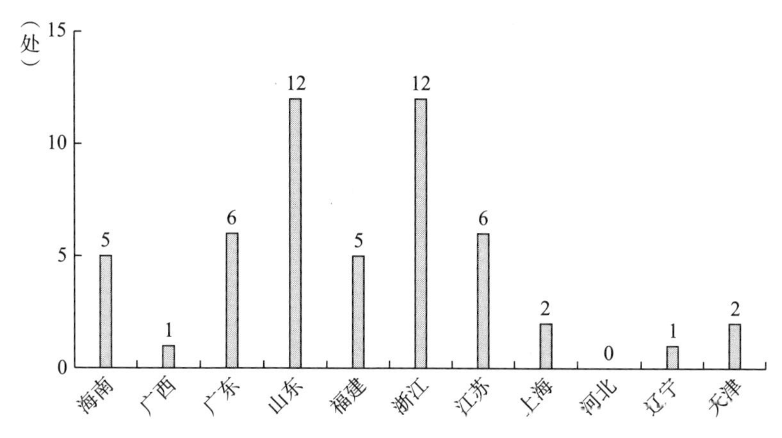

图1　中国大陆沿海省（区、市）海洋文化遗产数量分布

图1反映了中国大陆地区11个沿海省（区、市）海洋文化遗产的数量分布情况，其中，山东省和浙江省国家级海洋文化遗产项目均为12处，数量最多，其次是广东省和江苏省，遗产项目数为6处，而河北省数量为0。这种海洋非物质文化遗产的布局分布特点与当地的海洋自然地理环境因素、历史文化因素和社会生活因素是密不可分的，一般来说，海岸线越长、城市历史活动越多、人与海

① 数据根据“中国非物质文化遗产网”信息整理，http://www.ihchina.cn/，最后访问日期：2020年1月10日。

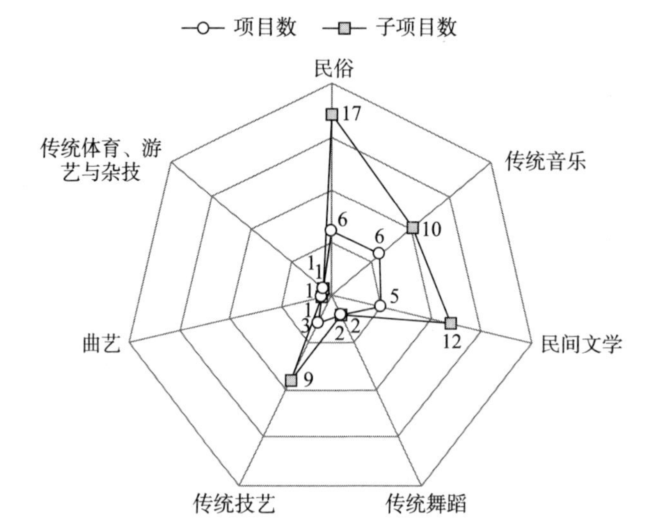

图 2　中国国家级海洋文化遗产的类别分布

洋互动的空间越大，海洋非物质文化遗产分布就会越多。①

图 2 反映了中国国家级海洋文化遗产的种类分布状况。中国国家级海洋文化遗产包含了 7 大类。

（二）海洋非物质文化遗产的文化线路和空间分布

人类与海洋互动而形成的海洋文化表现形式和呈现空间既在靠海吃海的沿海社群中分布，同时，也随着沿海社群与陆地文化的交流、传播、辐射和融汇，将一些海洋非物质文化带到远离海洋的陆域，并世世代代流传下来。梳理和复原中国海洋非物质文化遗产的“文化线路”和“文化空间”是提高中国海洋遗产保护系统性和科学性、增强海洋文化自信的有效方式。在中国大陆地区的 52 项海洋非物质文化遗产中，以文化空间形式存在的遗产项目可见表 2。

① 李娟：《基于非遗名录统计分析的山东海洋非物质文化遗产保护研究》，《鲁东大学学报》（哲学社会科学版）2019 年第 2 期。

表 2　海洋非物质文化遗产的“文化线路和空间”分布

文化遗产	所在地
妈祖祭典	天津、浙江洞头区、福建莆田市、海南海口市
徐福东渡传说	江苏赣榆区、浙江象山县、浙江慈溪市、山东青岛市
海洋号子	辽宁长海县、浙江岱山县、浙江象山县、山东长岛县、上海浦东新区和杨浦区
渔民开洋、谢洋节	浙江象山县、浙江岱山县、山东荣成市、山东日照市、山东即墨区
渔歌渔鼓	广东中山市的咸水歌、广东省惠州市的惠东渔歌、广东汕尾市的汕尾渔歌、广西壮族自治区桂林市的桂林渔鼓、海南省临高县的临高渔歌、江苏洪泽区和泗洪县的洪泽湖渔鼓
海神信仰	广东德庆县的悦城龙母诞、广东广州市黄埔区的波罗诞、福建厦门市的闽台送王船
晒盐技艺	江苏连云港市、浙江象山县、山东寿光市、海南儋州市

除了列入中国非物质文化遗产名录之中的海洋相关项目外，中国还有大量以文化线路和空间形式存在的海上非物质文化遗产。“海上文化线路”遗产，是历史上形成的人类跨越海洋实现文化传播、交流和融汇的线性文化遗产。[①] 它既包括有形的遗产，也包括在航海交流历史中传承下来的传说、信仰、艺术等非物质海洋文化遗产形态。[②] 环中国海“儒家文化圈”从空间结构来看，实际上就是中国与环中国海区域之间由一道道海上“文化线路”连接而成的人文网络（见表3）。那么，这些海洋非物质文化遗产线路的历史过程和面貌是什么样，留下了哪些非物质文化遗产，这些遗产的内容形式和分布如何，如今起到了怎样的价值、得到了怎样的保护，这些都是我们应该在中国陆上沿海地区海洋非物质文化遗产之外也要关注的重要课题。

① 曲金良：《关于中国海洋文化遗产的几个问题》，《东方论坛》2012 年第 1 期。

② 王宁萱：《东亚海上文化线路遗产的保护研究》，2016 中国渔业经济专家研讨会论文集，2016，第 215 页。

表3　海上非物质文化遗产“文化线路”概况

文化线路名称	时间跨度
海上丝绸之路线路	西汉—明
登州海道	先秦—清
徐福东渡线路	秦
中日、中韩交流线路	隋—宋
中国与南洋交流线路	汉—清
中国南北海上航线	先秦—清

二　中国海洋文化遗产申报保护的突出问题

从1985年加入《保护世界文化与自然遗产公约》至今，中国世界级遗产达55处，人类非物质文化遗产项目为43处，成为名副其实的世界遗产大国。然而，细数与海洋相关的世界级遗产，2019年“中国黄渤海候鸟栖息地”作为海洋自然遗产资源获准列入《世界遗产名录》，2009年和2010年，“妈祖信俗”“中国水密隔舱福船制造技艺”作为海洋非物质文化遗产列入《人类非物质文化遗产代表作名录》，除此3项外，再无其他海洋相关的世界级遗产项目，这不免让人深感遗憾和深思。作为海洋大国，中国拥有漫长的海岸线、悠久的海洋文明历史，海洋遗产资源数量庞大、种类丰富、特征鲜明，然而《世界遗产名录》上海洋遗产数量的尴尬处境不仅体现了中国世界级遗产从陆地走向海洋面临机遇和挑战，还在一定程度上体现了中国海洋非物质文化遗产申报保护存在突出问题。

（一）海洋非物质文化遗产资源挖掘、保护力度不足

海洋非物质文化遗产资源的充分挖掘、梳理和保护，以及海洋非物质文化遗产资源内涵的充分阐释是中国申报世界海洋文化遗产并进行保护的基础。中国拥有悠久的海洋历史和深厚的海洋文明，也在潜移默化中逐渐孕育了丰富而厚重的海洋非物质文化遗产，海洋非物质文化遗产的基础存量是相当可观的，在内容形式上包括了

有浓郁海洋气息的民俗，记录和展示着人与海洋互动产生的情感、梦想，其他能够体现海洋生活的传统音乐、舞蹈、曲艺、体育、游艺与杂技、民间文学，以及在与海洋打交道的过程中形成的海神信仰、祭祀活动等习惯和仪式。[①] 这些海洋非物质文化遗产在中国“国家+省+市+县”四级文化遗产保护体系下，很好地被挖掘、收录和保护起来，但是仍有大量的分散在市、县级别以下的海洋非物质文化遗产没有被挖掘或保护起来，这些遗产资源或是在快速的城市化、全球化进程中，因为人文环境的不断变化，而对沿海社群传统生活方式的摒弃、对传统海洋非物质文化自觉不自觉的破坏；或是因为对海洋非物质文化遗产的认知不够而忽略了对海洋非物质文化遗产的保护、改变了海洋非物质文化遗产的原有传承模式。因此，需要以沿海渔村、乡村为基础，广泛地铺开对海洋非物质文化遗产的普查、挖掘、申报工作，建立中国海洋非物质文化遗产的数据库，完善四级海洋非物质文化遗产名录。

另外，中国拥有1.1万多个海岛，从海洋非物质文化遗产形成的空间载体来看，海岛属于相对封闭的区域，在人类与海洋互动的历史进程中会产生多种类型的海洋非物质文化，这些海洋非物质文化不仅有明显的地域特色，还因为环境的相对封闭而没有受到严重的破坏，因此，海岛海洋非物质文化遗产的挖掘、整理、保护和传承尤为重要。但目前来看，在中国的52个国家级海洋非物质文化遗产中，海岛型非物质文化遗产仅有2项，这也说明中国在海岛海洋非物质文化遗产关注上存在缺失。

对中国海洋非物质文化遗产的“文化精髓内核”的挖掘和阐述不足也是中国海洋非物质文化遗产申报保护工作存在的一个突出问题。“文化精髓内核”体现的是中国海洋文明的价值内涵、中国的海洋历史观和海洋文化观。海洋非物质文化遗产是中国海洋“文化精髓内核”的重要载体，我们要明确每一处海洋非物质文化遗产的

---

① 王高峰：《海洋非物质文化遗产的保护与传承——以嵊泗列岛为例》，硕士学位论文，浙江海洋大学，2013，第21页。

内涵、要素、特征、过程、价值、精髓，完整和真实地反映出中国海洋文化遗产所蕴含的“中国智慧”和“中华文明”，反映出中国海洋文化和文明的多样性，如此才能让海洋非物质文化遗产走进更广的视野和更大的舞台，得到更充分的认知和保护。目前来看，中国虽然针对海洋非物质文化遗产建立了四级保护体系，但对于遗产所蕴含的价值和精神没有进行充分的解读，导致一个区域的非遗项目很难被其他区域的人所了解，也使这些海洋非物质文化遗产的价值随着环境的变化或者传承人的离开而逐渐消失在大众视野。

（二）海洋非物质文化遗产申报保护机制不完善

中国海洋非物质文化遗产的保护工作主要由政府牵头，在高校、科研机构等非营利性组织机构，企业等市场力量以及协会、民众等民间力量的协调下，通过推进公共海洋文化事业、发展海洋文化产业、开展公益性海洋文化传承活动等方式进行。但在遗产的申报保护方面，中国海洋非物质文化遗产无论是在国内还是国际上，都面临“入选难”的困境。从国内来看，除了国家级非物质文化遗产外，还有一些海洋遗产是包含非物质文化遗产的“自然—文化”双遗产，这样的遗产并不符合中国的“国家级海洋保护区”“国家级海洋公园”的评选标准要求，这些体现中国海洋特色的自然与人文遗产难以走向世界的舞台；从国际上来看，中国海洋遗产的保护工作尚处于起步阶段，缺乏与海洋非物质文化遗产的学术论证和申报公示相关的机构、机制，使在申报世界非物质文化遗产时，海洋类项目难以列入预备清单之中，同时对于一些海洋非物质文化遗产的线路和空间，尤其是跨域、跨国的遗产项目，没有形成联合申报机制。

在非物质文化遗产的保护机制上，中国主要还是依靠政府来支撑遗产的申报保护工作，尚没有形成多方力量的通力合作模式。例如，韩国济州岛占地1825平方千米，入列世界遗产的却有6处，单一地区获得多个联合国教科文组织的认定，这种密度之高在世界上也是罕见。这一方面要归功于济州岛高度重视自己有限的文化资源，并为独特的地域文化而自豪；另一方面也要归功于韩国政府、商界、学界和民间力量密切合作，以创造性和主动性而非单纯依靠政府的行政命令来推进文化遗产的申报保护和文化产业发展。

（三）缺乏中国海洋文化遗产申报保护的国际化战略定位

中国海洋文化遗产的保护工作仅仅靠文化遗产保护意识的增强、政策法规的完善和细化、遗产的挖掘开发等工作是明显不够的，将中国海洋文化遗产的保护工作上升到国际舞台的高度、上升为一种世界性的行为，扩大中国海洋非物质文化遗产的认知和保护场域，将更有利于促进海洋文化遗产的保护工作。世界级文化遗产的申报保护就是一种在国际化语境下的海洋非物质文化遗产的有效保护形式。国际化语境体现在国际行动和世界行为、国际标准和方向、国际高度和立场上。目前，中国海洋非物质文化遗产的保护工作主要局限于国内场域，尚未立足于国际化的视角来审视中国海洋非物质文化遗产保护工作应有的战略高度和战略任务。

就国际行动和世界行为来说，中国仍缺乏对海洋世界文化遗产的申报保护工作的关注，也没有积极地参与到国际世界文化遗产的保护实践行动中去，这既不利于将中国的海洋文化遗产带到国际舞台中，也不利于我们累积海洋文化遗产保护的经验和树立中国文化遗产保护的大国形象。在国际标准和方向上，当我们去了解为什么“古泉州（刺桐）海上丝绸之路史迹”没有申遗成功时发现，中国文化遗产的申报标准和世界文化遗产的申报标准没有形成很好的统一，没有对标国际标准，建立有助于世界遗产申报的标准体系，阻碍了中国海洋文化遗产的申报保护。① 国际高度和立场是中国海洋文化遗产保护工作应有的战略高度，世界海洋文化遗产本身就是一种世界性、国际性行为活动，而通过世界文化遗产的申报，将中国

① 刘小芳、刘慧梅：《世界海洋遗产时空分布及其对我国海洋遗产申报保护启示》，《宁波大学学报》（人文科学版）2019 年第 3 期。

“长期以来被遮蔽、被误读、被扭曲的中国海洋文明历史”[①] 在世界舞台上重塑，有利于提升中国海洋文明的话语高度。

三 中国海洋非物质文化遗产的申遗保护机制

在人类文明的发展进程中，对文化遗产的保护已经成为我们与历史联结、延续辉煌文明的直接途径，这种世界性的文化行动伴随着现代化程度的提高而越发受到全世界的重视，对海洋非物质文化遗产的保护与抢救也在海洋世纪中显得尤为迫切。[②] 中国海洋非物质文化遗产的申报保护工作需要建立“国内—国际”双向协调机制。

（一）国内海洋非物质文化遗产申报机制的完善

海洋非物质文化遗产的申报需要在政府的主导下，有效地组织和利用市场力量、社会力量来形成主合力，构建海洋非物质文化遗产申报保护的综合支撑生态系统，即在海洋非物质文化遗产的保护中，由政府机构作为制度环境种群，为海洋非物质文化遗产的申报保护提供政策支持和良好的法律制度环境；由高等院校和科研机构等智库群体作为知识种群，为海洋非物质文化遗产的申报保护提供知识支持和人才支撑；由市场、金融机构、中介组织等作为市场支撑种群，为海洋非物质文化遗产的申报保护提供金融、财政力量；由社会层面的群众、民间协会、公益组织等作为服务种群，为海洋非物质文化遗产的申报保护做好基础服务支撑（见图3）。这几类种群之间不断地进行交流和互动，进行信息和资源的分享，同时又不断与世界舞台接轨，形成一个开放式的、动态的生态系统，共同推动海洋非物质文化遗产申报保护工作的进行。

① 曲金良：《“环中国海”中国海洋文化遗产的内涵及其保护》，《新东方》2011年第4期。

② 李明春：《期待着中国海洋世界遗产零突破》，《中国海洋报》2016年9月8日，第4版。

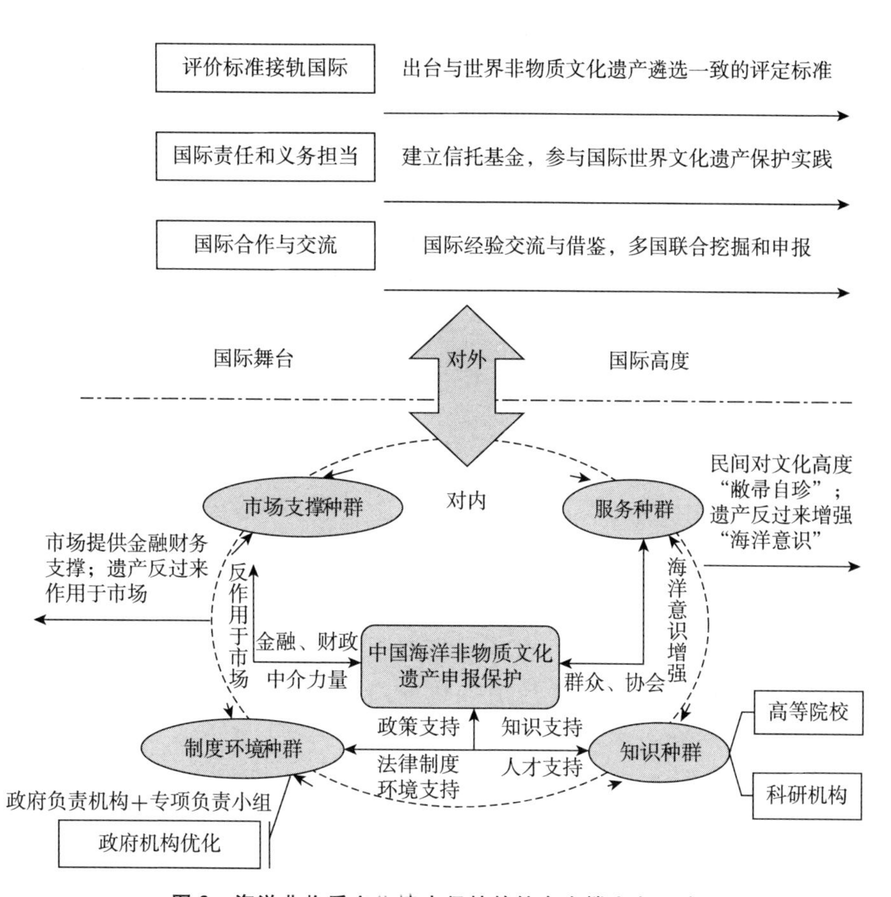

图3　海洋非物质文化遗产保护的综合支撑生态系统

在这个系统中，制度环境种群要优化海洋非物质文化遗产申报保护工作的政府管理机构，成立专门负责海洋遗产提名、申报和管理的部门，负责中国海洋非物质文化遗产的挖掘、整理和申报，同时要联合海洋局、国家文物局成立专项负责小组，直接与世界遗产委员会对接，形成“国内—国际”双向政府负责机构；知识种群要充分发挥科研机构和高等院校的智库作用，通过组织相关专家对中国海洋非物质文化遗产进行详细的研究，完善中国海洋非物质文化遗产保护工作的学术体系，在不断进行国内海洋非物质文化遗产保护相关工作的同时，对外论证出台与世界海洋遗产项目标准相统一的内部评定标准，并根据世界遗产的遴选标准、现状对中国目前海洋非物质文化遗产的内容和类型进行查漏补缺和完善。海洋非物质文化遗产的申报离不开市场的支撑，金融机构既通过基金、财政的形式对海洋非物质文化遗产的保护和传承提供金融支持，也通过市场化的形式为海洋非物质文化遗产的合理开发利用提供融资服务、财政支撑，使这些遗产反过来作用于市场而带动海洋文化产业的发展。民间力量既是海洋非物质文化遗产的创造者，也是享用者、保护者，民间对海洋文化的高度“敝帚自珍”的“文化自觉”可以有效地促进海洋非物质文化遗产的保护和传承工作，同时，这些遗产的申报保护反过来也会增强公众的海洋意识，因此，要通过宣教、公益活动让更多的人了解海洋非物质文化遗产及其保护的重要性，充分发挥民间力量在海洋非物质文化遗产保护中的作用。

（二）海洋非物质文化遗产申报保护的国际化

海洋非物质文化遗产的申报需要上升到国际舞台的高度、上升为一种世界性的行为，这种国际化的行动具体体现在国际高度和立场、国际标准和方向、国际行动和世界行为上。

首先，在国际高度和立场上。国际高度和立场是中国海洋文化遗产保护工作应有的战略高度和立场，中国海洋非物质文化遗产不仅要完善国内的挖掘和申报保护机制，推进海洋非物质文化遗产在国内的开发利用和传承保护，同时还要放眼国际，通过申报世界非物质文化遗产来向国际社会传播中国的海洋文明、中国的海洋战略、中国的海洋思想，这也是提高中国海洋话语权和软实力的有力举措。世界非物质文化遗产也是一种国家归属权的文化象征，尤其对于相邻近、有冲突海域地区的国家，世界非物质文化遗产的申报是向世界展示维护国家主权、保障国家海洋权益的事实基础和法理依据。

其次，在国际标准和方向上。应建立与世界非物质文化遗产的遴选标准、保护目标相一致的标准体系。而要实现这一标准的对接，对海洋文化资源进行开发利用、保护传承的自然资源部应直接与提名海洋文化遗产的国家文物局和提名海洋自然遗产的国家住建

部连接起来，成立海洋非物质文化遗产申报专项负责小组，并与世界遗产委员会进行专门对接，组织专家对中国海洋非物质文化遗产进行详细的研究论证，出台与世界海洋遗产项目标准相统一的内部评定标准。另外，在与国际舞台进行对接的同时，对于国内四级体系海洋非物质文化遗产的申报，则要在重保护、重申报的基础上，广泛展开对中国海洋文化遗产点、线、面的挖掘整理，丰富中国海洋非物质文化遗产的内涵，重视海洋非物质文化遗产点的申报、入录保护，以及对海洋非物质文化遗产线路、空间的梳理与复原，在“线”上以“海洋文化线路遗产”的形式或者以“文化和自然”混合遗产的形式来申报世界文化遗产；对更宏观的包含海上、水下、跨国的空间性海洋文化遗产，则可通过多国联合申报的形式来申报世界文化遗产。

最后，在国际行动和世界行为中。既要着眼于对中国海洋非物质文化遗产的世界名录申报保护，也要以更广的视野参与到整个人类非物质文化保护的行动中去，以广泛参与获得全世界更多的关注，树立非物质文化遗产保护的良好国际形象。因此，要构建中国海洋非物质文化遗产的信托基金，资助世界海洋非物质文化遗产的申报保护，尤其是欠发达国家的遗产保护工作。中国“丝绸之路”申遗之路并不顺利，原因之一就是中国申遗主导权的缺失，申遗被联合国教科文组织的缔约国如美国、挪威、日本、韩国的信托基金所主导，由此可见，通过设立信托基金，参与到国际世界文化遗产的保护实践和援助中去，既可以获得世界遗产委员会的关注，让中国的海洋非物质文化遗产保护理念走向世界，又可以带动中国参与到世界遗产委员会组织的多种相关活动中去，提高中国在非物质文化遗产保护中的话语权。另外，要积极地开展海洋非物质文化遗产申报保护的国际合作与交流工作，学习和借鉴非物质文化遗产保护先进国家的经验与做法，与海洋非物质文化遗产“文化线路”相关联的国家进行海洋非物质文化遗产的联合挖掘和申报。

四 结语

中国海洋非物质文化遗产资源丰富、价值重大，但遗产的现存与保护状态并不乐观，缺乏海洋非物质文化遗产申报的“国内—国际”双重战略高度，中国海洋非物质文化遗产需要从“点”“线”“面”上进行系统的研究、保护和利用，让中国海洋非物质文化遗产走向世界，这是对中国海洋文化遗产体系研究的学术和实践要求，也是服务于海洋强国建设、海洋命运共同体构建、“一带一路”倡议等的需求。为此，学术界应该积极进行中国海洋非物质文化遗产挖掘、整理、申报保护等工作，梳理海洋非物质文化遗产的“点”、“文化线路”和“文化空间”，在国际化的战略高度上思考如何既让海洋非物质文化遗产上升到国家高度、进入公众视野，又让其上升为世界行为、进入全球视野，有效保护和传承中国的海洋非物质文化遗产，让中国海洋非物质文化遗产、中国的海洋文明、中国的海洋思想走向世界。

The Declaration and Protection Mechanism of the Intangible Maritime Cultural Heritage in the Context of Internationalization

Pan Shuhong

(Shandong Research Institute of Marine Economics and Culturology, Shandong Academy of Social Sciences, Qingdao, Shandong, 266071, P. R. China)

Abstract: China has a rich variety of intangible maritime cultural heritage and a large stock of them. They run through China in the form of “points”, “lines” and “planes”, connecting the north and south of the country and the relevant maritime countries in the world. However, the embarrassing situation of the number of China's Maritime World Heritage sites also reflects the inadequacy of China's intangible maritime cultural heritage protection work. The strategic height and historical task of the protection work of the intangible maritime cultural heritage have not been examined from the perspective of internationalization, which is a prominent problem in the strategy of the intangible cultural heritage. Therefore, through the establishment of a "domestic-international" two-way coordination mechanism, an ecosystem of intangible maritime cultural heritage protection bodies will be formed internally, and the external environment will be based on an international perspective, we will raise the intangible cultural heritage to an international level, expand the knowledge and protection field of the intangible cultural heritage.

Keywords: Intangible Maritime Cultural Heritage; World Heritage; Declaration and Protection of Heritage; Ocean Civilization; Mazu Belief and Customs

（责任编辑：王苎萱）

文化遗产与滨海旅游业深度融合研究*

——以山东省为例

包艳杰**

摘　要　滨海旅游业是海洋经济的重要组成部分。依托文化遗产资源，推进文化遗产与滨海旅游业深度融合是滨海旅游业高质量可持续发展的关键。文化遗产具有历史与未来双重属性，作为重要的旅游吸引物，推动旅游业的转型升级。景观类文化遗产是在地居民的家园，也是旅游者的异乡，"我"与"他"、家园与异乡的两极张力强化了旅游吸引力。在文旅融合进程中，旅游资源规划必须秉持主体性原则。开展详细的民族志调查、打造多元化人才队伍、实现文化遗产资源的精细化管理、搭建教育桥梁等是文化遗产与滨海旅游业深度融合的重要途径。

关键词　文化遗产　滨海旅游业　文旅深度融合　乡土文化　海草房

---

* 本文为河南省高校人文社会科学研究一般项目"民间手工艺的手机网络实践路径研究"（项目编号：2021 - ZZJH - 518）、河南省软科学项目"乡村振兴战略背景下河南农业文化遗产当代价值的实现路径研究"（项目编号：202400410271）中间成果。

** 包艳杰（1985～），女，博士，中国人民大学社会与人口学院博士后，青岛农业大学马克思主义学院讲师，主要研究领域为农业史、环境史。

国家自然资源部的统计数据显示，2018 年滨海旅游业增加值在海洋产业增加值中的比重达到 47.8%①，可见滨海旅游业在中国海洋经济中的重要地位。但是，滨海旅游产品结构单一、同质化等是滨海旅游业面临的发展问题。《全国海洋经济发展“十三五”规划》提出海洋旅游业要“适应消费需求升级趋势，推进以生态观光、度假养生、海洋科普为主的滨海生态旅游。利用滨海优质海岸、海湾、海岛，加强滨海景观环境建设，规划建设一批海岛旅游目的地、休闲度假养生基地”。② 所以，如何促进滨海旅游业高质量可持续发展，并在国际竞争中彰显民族特色是新时代的重要选题。中国知网数据显示，自 2017 年开始，来自不同学科、从不同角度讨论文旅融合问题的研究者数量激增，学者开始探讨文旅融合背景下旅游产业转型升级③、文旅融合的特征、实践路径④等问题。范周指出，文旅融合不是简单的“拉郎配”，而是要深入挖掘文化资源，正确认识文化与旅游的关系，彰显文化自信。⑤ 蔚蓝、广阔的海面为滨海旅游业增添了独具优势的旅游吸引物，海洋、城市、渔村等提供了广阔的旅游空间。与城市人造空间不同，滨海渔村更能体现人海相依的特色，随着全域旅游的进程，滨海渔村旅游也为学者所关注。有学者提出山东滨海的海草房是地方民居文化的重要载体，也是旅游文化建设的重要资源。⑥ 但是，也有学者注意到，目前的观光游览，买点东西就走依然是旅游的主体模式，同构化可能是造成

① 《2018 年中国海洋经济统计公报》，http://gi.mnr.gov.cn/201904/t20190411_2404774.html，最后访问日期：2020 年 1 月 23 日。

② 《全国海洋经济发展“十三五”规划》，http://www.mofcom.gov.cn/article/b/g/201709/20170902640261.shtml，最后访问日期：2020 年 1 月 30 日。

③ 何一民：《推进长江沿江城市文旅融合与旅游业转型升级的思考》，《中华文化论坛》2016 年第 4 期。

④ 熊正贤：《文旅融合的特征分析与实践路径研究——以重庆涪陵为例》，《长江师范学院学报》2017 年第 6 期。

⑤ 范周：《文旅融合的理论和实践》，《人民论坛·学术前沿》2019 年第 11 期。

⑥ 温黎明：《青岛市黄岛区海草房迁建保护及民居旅游文化中心开发设计》，《青岛职业技术学院学报》2013 年第 1 期。

游客对文化项目参与度不高的重要原因。[1] 可见，依托地域海洋文化遗产资源，增强滨海旅游的地域性特色，实现文化遗产与滨海旅游业深度融合，还有一定的探索空间。

一　面向未来的遗产：文化遗产的历史性与未来性

文化遗产是历史的积累，但更是面向未来的遗产。人们总是在本土文化与外来文化的碰撞中使自己发生转变。可见，保护与传承遗产，虽立意于保护人们共同的记忆，延续精神上的故乡，但遗产的属性显然不囿于此。

（一）文化遗产的历史性

不同的景观空间提供了最直观的旅游体验，但是“历史包含了人类的全部经验，因而是人间最有分量的事情。如果青山不与青史对照，山水就失去了反思的深度，而流于无历史的寄情美学”[2]，文化遗产的历史性赋予了旅游更丰富的内涵。长久以来，人们在经济学、人类学、历史学等多个学科里讨论文化，但究竟什么是文化，它虽弥漫于生活却最难阐释清楚。在时间长河里，特定人群在适应环境的生活中形成了地域色彩鲜明的历史与文化。“山东游观之美著于史者，北有蓬莱，南有琅琊，崂成两脉，互于黄渤之间，沿岸皆山，傍山皆海，是处可供登临”[3]，山东半岛西邻高山、东面大海，山地、丘陵、盆地、平原、海岸等自然风景类型多样，为在这里生活的人类提供了丰富的生存空间，并孕育了特色迥异的生活形式。“依山傍海，各成村落，野蔬村醪，风光明媚，惟渔夫石匠咸

① 王萍：《山东滨海旅游资源及产业发展研究》，《中国海洋经济》2018年第2期。

② 赵汀阳：《历史·山水·渔樵》，三联书店，2019，第97页。

③ 民国《胶澳志》卷3《民社志十二·游览》，第470页。

集于此"[1]，这是普通百姓的生活空间，可谓滨海之地，因地制宜，人海相依。生活在滨海的百姓捕鱼、采石、耕种，聚为村落，也成为观光者眼中的乡土风光，"郊外风景四季不同，而春秋为最佳，乡民植果为业，到处成林。丹山小水一带多植桃杏苹果，春则花色缤纷，秋则果实累累，登窑等村植梨尤盛，花时远望如云，艳丽夺目而姿态雄伟，心胸开阔"[2]，日本人形容其"所谓观樱盛又如小巫之见大巫矣"[3]。生活在滨海地区的先民，就地取材，创造了独特的居住形式，海草房就是代表，同时，在临海生活模式中相伴而生的还有海神信仰文化、节日习俗文化等。交通便利处，往往按照从集市到市镇的轨迹发展。李村大集可谓集市景观的代表，"距青岛三十里地当李村，河之中流为四通八达之地，乡区之重要路线悉以此为中心点，村贸易亦聚于是河涯。有市集，每逢阴历二七等日，乡民张幕设店，米粮布匹木器农具以及家畜家禽，应有尽有。临时营业恒得千数百家，集会人数不下二三万"[4]，这是清末的情形，大概气势并不输于今日之李村大集。德国人李希霍芬在中国旅行时，用"这里的人穿着好一些而且行为举止更加文明"这样的语句评价山东整体的文化程度，"之前见过街道大都很破败，现在却既宽又干净，铺着大石条，甚至路两边还栽上了树，这在江苏省从来没见到过"，"村子和集镇的房子也还多是泥垒的，但是至少我们看到它们有了窗户。几乎每个地方都有庙，庙里种了高大的树木，建筑也都雕梁画栋的。这里到处都种着树木，大多是松树，这种树长个 10 年到 12 年就能砍伐了。一些房屋前面还有院子，通常用一道长刺的攀缘植物分离，收拾得很整洁，有的还种着一些果树，桃树正在开花。一切都显示这里的文化程度要高出很多"。[5] 追溯前时代，齐鲁

① 民国《胶澳志》卷 3《民社志十二·游览》，第 487 页。

② 民国《胶澳志》卷 3《民社志十二·游览》，第 481 页。

③ 民国《胶澳志》卷 3《民社志十二·游览》，第 481 页。

④ 民国《胶澳志》卷 3《民社志十二·游览》，第 481 页。

⑤ 〔德〕费迪南德·冯·李希霍芬：《李希霍芬中国旅行日记》，李岩等译，商务印书馆，2016，第 126 页。

大地处于北中国北地生态文明中心辐射范围内，虽然宋之后政治、经济、文化中心转移到江南，但是文化的痕迹依然存在，这就是文脉的力量。近代特殊时局中，山东滨海旅游被动地走向了国际，“青岛开埠而后……舟车利达，游旅纷集，西人恒称为东方之乐园。南海康长素尝赞之曰：碧海青山，绿林红瓦，不寒不暑，可舟可车，擅天然之美而益之……往年德人经营市政之余，尤注意于招来旅客，尝设旅客招待会，编纂青岛指南，以广告于世界”。[①] 而当代，青岛旅游业早已进入主动迈向国际化的新阶段。在新时期，旅游开发中利用文化遗产资源打造旅游吸引物，离不开对文化遗产的历史性的正确认识，如爱丁堡大学教授，前英国皇家史学会副主席哈里·狄金森言：“任何人都需要有历史知识，否则他就无法理解他所看到或体验到的现实，也就无法做好准备去影响未来。”[②]

（二）文化遗产的未来性

与物质遗产不同，文化遗产更多地强调活态传承，它既是当代社会的参考系，又强烈关联着社会的未来。物质之死，永无复生，但是对于文化，它可能会在不同时代失去某部分满足人类特定需要的功能，但是它转而可能满足了另外一种需要，因此，文化的力量总是指向未来的。本土文化对于在地居民而言是精神寄托，是安放信任与安全的精神故乡；对于旅游者来说是一种体验，在“我”与“他”两极之间的张力中实现自我反思与自觉。文化遗产是本土文化的集合，这份历史的厚重对于未来，是坚守的力量源泉，但绝不因循守旧。文化遗产的健康传承如“嫁接”般发展，以应对未来。如果新的事物或者外来文化是“接穗”，那么乡土文化就是“砧木”，能够“嫁接成功”，取决于“接穗”和“砧木”的亲和力。

---

① 民国《胶澳志》卷3《民社志十二·游览》，第470页。

② 〔英〕哈里·狄金森：《英国史前沿：新解与新知》，《英国史前沿译丛总序》，载〔英〕W.G.霍斯金斯《英格兰景观的形成》，梅雪芹等译，商务印书馆，2018，序言，第1页。

在文化发展中的“亲和力”从哪里来？想必唯有在地居民的生活是最好的统一点。如果远离了这个点，仅凭行政或者书屋里的规划，移植或许先进的理论，就会出现失败是必然、成功才是偶然的结局。

在饮食文化领域中，当标准化、产业化的快餐业席卷全球，人们的味蕾逐渐被麻木的时候，与之相对应，尊重差异性、区域性的国际“慢食运动”悄然流行，“慢食运动”通过推进美味方舟项目，登记录入濒临灭绝的食材，尽可能保存地方性饮食制作技艺，因为此时人们已经意识到食物体系不仅关联着经济意义上的农业生产、渔业生产，还关联着人与大自然、人与人、人与历史。不同的环境提供了不同的饮食文化，而反推上去，同质化的食物会通过作物栽培体系影响到自然植被体系，从而伤害生态系统的多样性。《狼与羊群》的寓言故事，人尽皆知，狼不存在的时候，羊群只剩下退化，这一道理在人类社会发展中同样值得时人警惕，尤其是在当前全球化进程中，多种文化频繁碰撞与交流，民族文化如何传承是世界性的问题。缺乏本土特色的文化终究如浮萍一般，未来飘荡不定。

环境多样性也是文化多样性的前提，不同地方的人们在适应环境过程中创造了自己的家园，而现代人文景观类文化遗产也面临着日益趋同的问题。当今中国建筑或者城市、乡村规划深受西方几何学构图思维影响，未来是否依然能留给世界一份独特的中国美，值得所有规划者与设计者深思。中国古人创造家园的经验是中华民族优秀文化遗产中独特的部分，这里充满了人与自然和谐相处的理念，山东海草房即为代表，传承这份技艺对于人类与自然和谐相处的目标来说，是山东智慧，是中国方案。它是过去的历史，也是人们期盼的未来。

（三）山东滨海旅游业中文化遗产的利用

山东省现有的国家、省、市、县级非物质文化遗产项目中包含了大量的海洋类非物质文化遗产，基本上涵盖了民俗类、技艺类、民间文学、传统体育等各个类别。海洋文化遗产在沿海居民长期的生产和生活中积淀与传承下来，“它是在齐鲁大地上形成的，但是又饱含着海风的浸润，既有齐鲁文化历史带来的沧桑感，又渗透着开放、冒险、创新、海纳百川的独特精神”。[①] 自然地理条件为山东省海洋文化遗产资源的分布印上了鲜明的空间符号。“胶东半岛（以威海、烟台为主）的民俗资源丰富，海洋文化特色鲜明。青岛海洋人文文化遗产资源是以崂山道教为代表的宗教文化。日照海滩、海湾资源丰富，具有较好的旅游开发潜力。东营、滨州的湿地资源优势突出，生态环境保护作用十分重要。”[②] 实践中，文化遗产对山东滨海旅游业发展起到了重要的推动作用，山东沿海地区所特有的仙道文化、海岱文化，成为山东省整合滨海旅游资源、打造特色旅游项目、创建新的旅游品牌、提升山东省滨海旅游竞争力的新动力。山东省沿海地区的人文资源，也是滨海旅游资源发展的重要基础，大量的人文景观体现了山东省滨海旅游的特色，是滨海旅游发展的核心竞争力。[③]

文化遗产与自然存在一样，都是重要的旅游吸引物，都发挥着吸引旅游者离开自我家园到异乡旅游的作用。现代社会中人们“对物品、消费对象符号意义与象征价值的需求，以及符号消费从物质消费领域到精神领域文化消费的扩展”[④]，决定了旅游消费不可能仅仅定位在经济行为这个层面上，而精神领域的文化消费之关键在于差异性。在讨论旅游业如何升级的时候，经济与文化也是历久弥新的话题。经济与文化不是一组对立词，两者之间按照各自的逻辑相

① 王萍：《山东滨海旅游资源及产业发展研究》，《中国海洋经济》2018年第2期。

② 孙吉亭、刘昌毅等：《山东省海洋文化遗产保护调查研究》，载李广杰、李善峰、涂可国主编《山东经济文化社会发展报告（2016）》，社会科学文献出版社，2016，第239～250页。

③ 王萍：《山东滨海旅游资源及产业发展研究》，《中国海洋经济》2018年第2期。

④ 张进福：《旅游吸引物属性之辨》，《旅游学刊》2020年第2期。

互作用。乔治·奇泽姆的《商业地理学手册》中有许多贸易图表、生产统计数据和专题经济地图，但这些是关于生活方式、价值和信仰以及商品的，实质上也是关于文化的。彼得·古尔德引用德国区位理论学家奥格斯特·廖什在《区位经济学》中的观念讲道：景观不仅是几何上的，而且由具有复杂社会关系的人们所占据，更重要的是，具有某种深刻的区域根源意识或本土意识。所以，经济与文化其实互为一体。人们谈论文化的时候，容易陷入一种误区，认为衣食住行是寻常小事，只有高端的、精心规划设计的、植入高深理论的才是文化。这种观念带来的危险之一就是损害文化多样性，导致同质化。人的因素，让自然存在有了更丰富的内涵，人文与自然的共同作用使地表的自然存在发生显著变化，此时风景也就转化成了景观，而含有人文意蕴的景观不失为更有意义的旅游吸引物。

目前，尽管文化遗产在滨海旅游业中已经在提升旅游产品品质方面起到作用，然而从2009～2018年滨海旅游业发展情况的统计数据来看，山东滨海旅游业仍处于瓶颈期。表1是全国滨海旅游业的一组数据。

表1　2009～2018年中国滨海旅游业发展情况

年份	增加值（亿元）	在海洋产业增加值中的比重（%）
2009	3725	28.7
2010	4838	31.2
2011	6258	33.4
2012	6972	33.9
2013	7851	34.6
2014	8882	35.3
2015	10874	40.6
2016	12047	42.1
2017	14636	46.1
2018	16078	47.8

资料来源：由2009～2018年《中国海洋经济统计公报》整理得出。

数据表明，十年间全国滨海旅游业增加值在海洋产业增加值中的比重从约30%上升到约50%，可见滨海旅游业在海洋产业中的重要性与日俱增。但是，观察每年滨海旅游业增加值的增长百分比就会发现，数字一直在徘徊。山东省滨海旅游业的数据显示，2007～2009年滨海旅游业产出值稳定增加（见表2）。自2010年开始，《山东省国民经济和社会发展统计公报》中不再单独显示滨海旅游业情况，但仍可以参考山东省旅游消费总额（见表3），2013～2018年山东旅游消费总额的增长数据也处于徘徊状态。

表2　2007～2009年山东省滨海旅游业情况

年份	产出值（亿元）	增长比例（%）
2007	923.5	15.8
2008	1092.9	18.3
2009	1311.9	20.0

资料来源：孙吉亭主编《山东海洋资源与产业开发研究》，山东人民出版社，2014，第180～181页。

表3　2013～2018年山东省旅游消费情况

年份	旅游消费总额（亿元）
2013	5183.9
2014	6192.5
2015	7062.5
2016	8030.7
2017	9200.3
2018	10461.2

资料来源：《山东省国民经济和社会发展统计公报》。

两组徘徊的数据，基本揭示了目前滨海旅游业在新的形势下，还在寻找新的突破点。关注海洋产业的学者，几年前曾在理论上做了相关讨论，并指出“目前，山东相关地区的文化与旅游产业园林林立，文化与旅游产业基地名目繁多，但是往往缺乏系统与长远的规划，造成各地文化与旅游园区同质化严重，档次有待提升，资源浪费，因此有必要对有限的资源进行优化配置”①，“海洋文化中所带有的民族和地域的独特信息，往往是不可再生，也是不可替代的，突出滨海旅游文化特色形成区域间文化特质，是培植滨海旅游经济核心竞争力的关键。随着旅游开发逐渐向深度发展，海洋文化像一只无形的手支配着旅游经济活动，也只有通过文化上的创新才能保持滨海旅游经济的基业长青”。②

文化遗产更多的内容其实不是某一个评价体系能够精准评价出的，在中国文化中有很多“只可意会不可言传”的内容，需要人用心去体会，从而突破同质化困境，提供具有差异性符号的“旅游吸引物”，而这一过程，显然不是一个领域可以单独完成的。非遗传承人或者非遗称号的认定，目前更多地成了一个招牌，成为商品经济的一个招牌，成为商人获利的途径。实际上，传承人有责任有义务将传统技艺传播延续，这是一种社会责任，我们更期待的是文化遗产可以在适宜环境中自在地“活”着，而不仅仅是博物馆化或是完全商品化的两极式存在。民俗如果只是一种表演形式，还有什么意义呢？经济行为原本也根植于区域文化中，在旅游业中，文化是被作为消费对象的特殊商品，在产品生命周期缩短的竞争环境下，产业需要提高产品品质，只有文化才能赋予它新的生命。海洋民俗中，渔民节、祭海节等表达了渔民对海洋的感恩之情，但当代认定这些文化遗产的初衷，显然不是让我们退回渔猎时代的生活模式。我们应该注意的是，这一切围绕着人类生活而存在，即使现代技术革新了生产方式，人与自然的关系仍是永恒的话题，人海相依的理念是永不过时的，如果旅游开发剥离了生境，无异于皮之不存，自然难以使旅游者产生共鸣，同时，环境的教育价值、旅游的文化载体功能也难以实现。

---

① 孙吉亭主编《山东海洋资源与产业开发研究》，山东人民出版社，2014，第188页。

② 孙吉亭主编《山东海洋资源与产业开发研究》，山东人民出版社，2014，第189页。

二　作为家园与异乡的旅游地：滨海旅游业中对文化遗产的守护和发展

景观类文化遗产的物化形态为打造旅游吸引物提供了便利条件，也更便于观察旅游业与文化遗产的关系，这里笔者将重点以景观类遗产为例展开阐述。旅游业中充满异文化的交流与碰撞，把文化遗产资源作为旅游的“吸引物”确实是一个有风险的选择。但是，换个角度思考，只要正确认识和掌握两者之间的内在逻辑，就会形成既有利于文化遗产传承，又可促进旅游业高质量发展的双赢局面。旅游地在作为旅游资源开发之前，它是一处居民纯粹的家园，也是旅游者陌生的异乡，旅游拉近了“自我”和“他者”、“家园”和“异乡”的关系，旅游的吸引力恰恰源自我与他、家园与异乡的两极张力，一旦趋同，这个吸引力就会消失。在这个过程中，用发展的观念守护文化遗产是避免趋同的有效手段。

（一）作为自我家园的旅游地

在长久的历史进程中，家园景观“通过有关土地权利和土地控制、愉悦和美的界定、公共空间和个人空间的权威主张等复杂的哲学和政治领域而移动”①，因而它是社会生活的生产和再生产的场所。家、商店、道路、工厂和农场、田野、森林、山谷、沟渠、堤岸都是生活存在的地方，所以观光者看到的是美，而居住者看到的是他们劳动时以及和朋友们在一起时的那个地方。对于同一个地方，不同群体的体验完全不同，亦如农场中的采摘者与种植者完全属于不同的两个世界。侯甬坚谈道，“人类家园的营造有人民性——民族性、地方性、

① 〔英〕凯·安德森等主编《文化地理学手册》，李蕾蕾等译，商务印书馆，2009，第 227 页。

世界性、延续性”①，“家园的核心构成——房屋，体现着人在建设中有永久性和个性的那一部分，人在那里安置财物、收获品、工具、牲畜、炉灶、家庭，人按自己的爱好和需要来建造每天使用的房屋”。② 居住者用心经营下形成的生境，安放着人们的安全感，这才是家，才是灵魂的故乡。

建筑材料是自然环境在人类建筑上的烙印，但值得注意的是，住宅是地理环境的产物，而不是土地和气候的简单叠加。“人之所以建造房屋是为了满足他每天生活的需要，他农业劳动的条件和他社会环境的习俗。”③ 历史上，山东滨海一带广泛分布着海草房，海草材料的唯一性塑造了它的地域独特性。在海草房庭院中，屋舍清晰地分为灶间、磨房、卧室、储藏间、农具、夏季住所、客房等类型。法国学者阿·德芒戎曾指出：“住宅是真正的农业工具，它从属于生产经营的特性，给予人、牲畜及物品以合理的位置。”④ 海草房作为滨海居民的生存空间，自然承载了滨海居民的生产和生活。而且房屋真正的独特之处正在于它的内部分工及家庭化的布局，“它实际上是一种适应农民劳动的工具，它是像前人所构思和布置的那样传下来的。我们有时确实看到它随着农村经济的变化而变化，但比后者慢得多。随着物质舒适意识的传播，它主要是适应一般文明情况的变化而变化，它为给予居住者更多的空气、阳光、舒适而改变形状。但明眼人看出它没有改变，它保持着内部的框架和自古以来适应农业职能的传统布局”⑤。历史的经验告诉我们，房屋不仅仅是景观中的一个地方性色调，也是一种劳动形式，在本质上，是一种经济事实。历史的经验表明，“农民回到故乡，想重建家园。

---

① 侯甬坚：《历史地理学探索》（第2集），中国社会科学出版社，2011，第132页。

② 〔法〕阿·德芒戎：《人文地理学问题》，商务印书馆，1993，第248页。

③ 〔法〕阿·德芒戎：《人文地理学问题》，商务印书馆，1993，第276页。

④ 〔法〕阿·德芒戎：《人文地理学问题》，商务印书馆，1993，第276～277页。

⑤ 〔法〕阿·德芒戎：《人文地理学问题》，商务印书馆，1993，第250页。

某些理论家认为这是一个在农村建筑中推广某些新的甚至是国外引进的原理的机会。他们大错特错了。人们看到，农民要的是他们的房子，而且是他们的老房子。这些房子无疑要扩大、美化、卫生化，但要依照过去的原则，依照经过他们农业经济考验的那些指导思想盖起来”①，这才是房屋的精神和灵魂，是景观类文化遗产的核心。

如今建造家园的地方性经验常常被中国非物质文化遗产保护中心认定为技艺类非物质文化遗产，而历史家园物化的表现集中在村落形态上，并以住房和城乡建设部推出的传统村落项目形式被保护。虽然不同方面的评选、认定都是在肯定遗产的价值与意义，但是实践中出现了两种危机：一是现代建筑学审美更加注重追求几何构图的透视与对称，这一来自“他者”或者“自上而下”的视角，并不利于结合在地居民的普通生活，从而理解传统住宅的精华；二是在地居民文化自觉②意识还没有充分觉醒时，已经处在了面对现代经济快速发展、各地文化频繁交流的时代里，现代性在各方面都占据着“强势”，在地居民难以准确地意识到传统的价值，或者在多方力量博弈中，难以表达这一声音。那么，旅游开发必然会陷入大拆大建或者机械式地“修旧如旧”中，保护与传承也无从谈起。

以山东海草房为例，一位旅友描述：“如今，随着社会、经济的发展，居民的生活方式也在改变，新建的海草房越来越少，原有的旧海草房也大都被弃用了，古老的海草房的生存状况正面临前所未有的严峻考验。”③ 文字清晰地表达了“他者”对海草房的担忧。

---

① 〔法〕阿·德芒戎：《人文地理学问题》，商务印书馆，1993，第 250～251 页。

② 文化自觉是指生活在一定文化中的人，对其文化有自知之明，明白它的来历、形成过程、所具有的特色和它的发展趋向，不带任何“文化回归”的意思，不是要“复旧”，同时也不主张“全盘西化”或“全盘他化”。自知之明是为了加强对文化转型的自主能力，取得适应新环境、新时代对文化选择的自主地位。（参见费孝通《对文化的历史性和社会性的思考》，载《费孝通全集》第 17 卷，内蒙古人民出版社，2009，第 526～527 页。）

③ 《荣成的海草房》，http://www.yododo.com/area/guide/0140732FDA461D83402881D34072C92F，最后访问日期：2020 年 1 月 27 日。

关注民居的设计者，是另一类型的“他者”。例如，姜波曾做过山东民居的专题调查，“胶东渔村的海草石头房也和蓝天、大海、青山融为一体，每幢房子都像海边风浪中的渔民，透着粗犷和豪放”①，烟台海滨小城本来海岸、民宅、青山和谐优美的城市轮廓线正被一座座高层建筑所打破。青岛、威海的情况也大体如此。就连一些偏远的山村也在追赶着现代化的步伐，古老的村落格局被统一规划成棋式，村中庙宇、水井、古树这些公共精神场所也未能幸免地遭到冷落和破坏。姜波在文中讲道：“有位搞民居研究的前辈曾说过：不是我们不知道保护民居的重要性，而是我们不能，所以只好给后人留下些资料了。”② 这是学者更为理性的判断。此外，还有一个特殊类型的“他者”，即行政力量。2019 年周安指出，“要认真做好相关规划工作，真正发挥好规划的引领作用。要保留好原有的自然风貌和地域特色，注重对海草房的保护和提升。要突出规划的针对性和实用性，提高规划的可操作性，推动凤凰岛风貌保护取得实实在在的成效”③，这是来自官方的要求。总体而言，海草房是一种有价值的历史存在，需要保护和提升，这是“他者”共同的认识。罗列至此，我们可能更关注“自我”会有怎样的认识。荒里社区一位居民曾描述说：“上世纪 80 年代这儿有 200 多户人家，家里条件好的才能住上石头盖的房子，像我们家住的都是海草房……”④ 旧城改造的高层住宅美化了他们的居住环境，这个新闻应该不是个案，至少在 2013 年的时候，大众在心中认为海草房是落后的象征，用力抛弃它，摆脱它。

很明显，这里出现了一个令人诧异的矛盾。关于海草房，主人要抛弃它，作为旁观的“他者”要保护它。原因其实显而易见：文

---

① 姜波：《我和山东的民居调查》，《民俗研究》1995 年第 3 期。

② 姜波：《我和山东的民居调查》，《民俗研究》1995 年第 3 期。

③ 《城乡规划委员会执行和审议委员会议召开》，http://www.xihaiannews.com/article/4268350.html，最后访问日期：2020 年 1 月 19 日。

④ 《贫瘠小山村变身亮丽社区，这就是幸福》，http://news.hexun.com/2013-05-27/154538948.html，最后访问日期：2020 年 1 月 19 日。

化的历史发展在当今社会出现了明显断层，对经济发展的重视已经在人们的价值判断中烙下深刻的时代烙印。作为落后的象征，海草房就必然会成为拆迁和被改造的对象。作为逐利的对象，海草房是被利用的对象。旅游业会清空原住民，按照旅游业的审美和需要安排利用经营，丽江的发展模式也没有逃出这个怪圈，江南的古镇、黄河流域的古镇基本是这个模式，而这一模式并不能提供高质量的旅游体验。只有作为文化的象征，人们才会尊重它。其实海草房只是一个物象。我们应该明白，目前要保护文化遗产的目的，在于鉴古明今和迎接未来。时间流逝，时代总是向前推进的，科技的日新月异缩短了天涯海角的距离，“地球村”时代，文化交融与碰撞，如何凸显本土文化的独特性，是关系文脉的根本问题。海草房本身的意义在于人与自然的交融，这是在自然地理景观中蕴含的人文意义，这个意义是没有时代界限的。

乡愁，是近些年的热门话题。然而，乡愁是什么？仅仅是一种思乡的情绪吗？不是的，乡愁其实是人的归属感，理所当然，也指向了家园感。人对故乡的依恋来自人对环境的感知和认同过程，这一情感随着时间、距离日益发酵。唐时桐庐人章孝标常年在外为官，秩满归乡时描写“乡路绕蒹葭，萦纡出海涯。人衣披蜃气，马迹印盐花”①，海边的苇塘荻荡及其间蜿蜒曲折的乡村小路、地面上泛白的盐花，抑或行人衣服上飘来的海水味道，都深深地激发了文人的家园与归属感。可见，“人地情感”的力量使人与环境紧密联系在一起，即使某一天，自我的家园成为旅游地，它首先还应该是一处家园。

（二）作为他者异乡的旅游地

当今世界，人们聚居程度加深，规划的力量遍及城市与乡村，家园标志性的特征逐渐弱化。大同小异的人造景观并不能帮助人们释放快节奏生活中日渐累积的枯燥与烦闷。“他乡”之异潜在人们

---

① 彭定求等：《全唐诗》第 506 卷，中华书局，2015。

内心深处，并孕育成蠢蠢欲动的期待，这是作为他者异乡的旅游地内含的吸引力。

自然风景因人文因素而色彩斑斓，令人流连忘返。物质经济发展到当今的程度，人们已经在各个方面都厌倦了“撞衫”现象，当国际品牌店迅速向全球推进，品牌商品的获得变得轻而易举时，危机也悄然而至，于是近年商家推出了“零点抢购”，专门提供没有Logo的产品，这一营销策略成功得到年轻群体的热情追捧，可见人们对“异”的重视和渴望。在旅游中，城市与乡村、南方与北方、内陆与沿海的人在“我”与“他”的两极中摇摆。“大海之中和山顶上，风景枯竭了，隐退了。这不只是视力所看到的被诗意化、被认可，而形成风景，因为不是满满的大海而是海边，才是风景，不是山顶而是山，才是风景……海边是风景，因为它有凸出的半岛和凹进的海湾、植物、房屋、小岛。海边造出了无穷无尽的势：它使陆地和海洋、高和低、有限与无穷、植物和水、多元变化和固定平板、有人居住的和不可居住的等相连。然而在大海之中，海只是一种单向地与天对比的成分，或者海微妙地与天结合，此刻我们所看到的就受海水与天空形成的单一张力缠累。同样地，山顶只是冰冷和高度。山顶到处如此，张力在该处停顿了。”① 两极差别越大，张力越大，带来的反思空间越充足。视觉、听觉、嗅觉、味觉、触觉等感官的冲击带来发自内心的触碰，或者说风景引起观察者内心的共鸣与思考，人们在山水中遇到真实的自己，正如他乡遇故知，山水是可居的山水，旅游者看得见山水，也能在山水间看到自己，此时才体现旅游真正的魅力，也是旅游最引人入胜之处。法国学者朱利安言：“与风景联结的关系不限于某种赏心悦目或陈腔滥调的满足。而是，风景突然叫人听见一份在底蕴上先决的协同，它比较不是一个清晰的音响，而是一种‘共鸣’，即我—世界共源性开始复

① 〔法〕朱利安：《山水之间：生活与理性的未思》，卓立译，华东师范大学出版社，2017，第94~95页。

得了。”①

自然存在的差异会在第一时间引发旅游者兴趣，但这个层面的愉悦感并不持久。以往的旅游实践已经充分表明，很少有游客在经历第一次观光之后再返回同一地点的情况。同时，人们也认识到文化可以引发游客的长久兴趣。但是需要警惕的是，事实上文化遗产不局限于经历了层层认定的、获得了某种官方称号的那一部分，更丰富的文化遗产其实散落在民间生活中，这是目前文旅融合需要用力更多的地方。文化遗产的概念源自西方，但在中国辗转中显然出现了诸多衍生品，与西方遗产意义“用真实的过去存在物的完整或局部的本真性的保留来证明一种已经是断裂开来的西方历史的延续”② 不同，中国人更强调遗产在“新”上的含义，“人们为了证明村落的过去，把一栋房子整体地保存下来，甚至用大的玻璃将其罩住，供游人参观，再或者将一栋全新的房子外表装饰成为极为陈旧或者仿古的模样，就像活着的人带上骷髅的面具一样”③，并美其名曰“修旧如旧”，殊不知这样的做法，在新旧之间两败俱伤，并引发一些旅游开发与原住民之间无谓的冲突。因此，跳出各级文化遗产认定体系的怪圈，摆脱类似工业生产般的标准化、规模化，在详细书写旅游地的田野民族志过程中梳理出真实的逻辑关系，历史的还给历史，未来的交给未来，当“异乡”文化在健康的生活环境中，如空气一般弥漫在“他者”身边，时刻都能感受到，此时，旅游地的吸引力自然得到强化。

① 〔法〕朱利安：《山水之间：生活与理性的未思》，卓立译，华东师范大学出版社，2017，第55～56页。

② 赵旭东：《文化互惠与遗产观念——回到一种人群互动与自主的文化遗产观》，《民族艺术》2019年第2期。

③ 赵旭东：《文化互惠与遗产观念——回到一种人群互动与自主的文化遗产观》，《民族艺术》2019年第2期。

（三）在适应时代中的守护：来自沙溪复兴项目的启示

“沙溪复兴工程”[①] 是高度整合文化遗产保护与农村可持续发展的国际性文化合作项目，2001 年开始，2003 年正式启动。沙溪位于云南省大理州剑川县，群山环绕，景色宜人，是茶马古道上仅存的古集市，但是在现代交通兴起后，它如同大多数的乡村一样逐渐萧条、没落，与附近的丽江等旅游地形成鲜明对比。沙溪复兴工程以地区可持续发展为目标，推动实现文化、经济、环境相互依托、彼此协调，其中，文化遗产保护是基础，旅游是重要的切入点，整个工程分了三个层次：古建筑、村落文化遗产（古村落以及古村落周边的发展区域，与一直延续至今的生活一起）及其他产业（为可持续发展提供可能）。“在这个项目中，文化遗产的保护不再孤立，与经济社会发展共同构成一个整体，一种新的可能由此呈现。”[②] 如今沙溪复兴工程已获得良好的社会效益，其中有以下几点启示值得借鉴。

1. 旅游开发中追求文化遗产的适应性发展

旅游开发时应该更多地关注如何提升文化遗产适应环境、在持续变化的动态环境中生存的能力，实现其特色和价值的延续。对于乡土建筑，“保护的主要任务不仅仅是修缮乡土建筑，而且需要考虑如何在未来的发展中合理利用乡土建筑，如何延续与乡土建筑相关的生活，实现保护与发展的互利”。[③] 环境的变化是不间断的，应

---

① 由瑞士发展合作署、瑞士 atDta 基金会、瑞士中国文化遗产保护协会、美国运通公司、美国威尔逊遗产保护挑战基金等多家国际性机构提供慈善资金，通过瑞士联邦理工大学和剑川县人民政府共同实施。黄印武：《文化遗产保护的形与神——从沙溪复兴工程实践反思保护与发展的关系》，《建筑学报》2012 年第 6 期。

② 黄印武：《文化遗产保护的形与神——从沙溪复兴工程实践反思保护与发展的关系》，《建筑学报》2012 年第 6 期。

③ 黄印武：《文化遗产保护的形与神——从沙溪复兴工程实践反思保护与发展的关系》，《建筑学报》2012 年第 6 期。

对环境的变化也应当积极、持久，这样文化遗产才能作为一种资源不断传递下去，实现可持续的保护。文化遗产虽然不能随心所欲地发展，但是仍然存在一种可能性，即不断地与社会经济环境取得协调。在理想状态中，这种协调发展应当可以同时强化遗产的价值，维持遗产的真实性，这种发展对于文化遗产本身也是有益的。

2. 正确理解“修旧如旧”原则

不能只是在物质层面关注遗产的存在状态，而是强调以价值为根本的真实性原则为准绳。在这个意义上，“修旧如旧”只是一种协调性原则，属于保护原则中完整性的范畴。“文化遗产的保护承认环境的变化，并不排斥遗产自身的改变，但是这种改变不是随意的，必须基于有关遗产的各个方面的价值的延续和强化，这就是国际广泛认可的真实性原则。”[①]

3. 规划设计中“最大保留，最小干预”[②]

遗产的价值在不同阶段有不同的表现，人们判定价值的标准也难以统一，因此，在旅游开发中，规划设计遵循“最大保留，最小干预”原则，是对文化遗产最大限度的尊重。

三 文化遗产与滨海旅游业深度融合的主体性原则

秉持主体性原则是滨海旅游业突破同质化的关键，也是推动滨海旅游业可持续高质量发展的重要前提。旅游地首先是在地居民的家园，他们是家园的创造主体，也是当地文化遗产的创造主体。主体性原则主要体现在两方面，一是以在地居民的视角去理解文化遗产的真实内涵，二是把在地居民纳入旅游经济的真正受益者中。

文化从不来自规划者的凭空规划，也不来自异文化的简单移

---

① 黄印武：《文化遗产保护的形与神——从沙溪复兴工程实践反思保护与发展的关系》，《建筑学报》2012 年第 6 期。

② 黄印武：《文化遗产保护的形与神——从沙溪复兴工程实践反思保护与发展的关系》，《建筑学报》2012 年第 6 期。

植。旅游资源的开发，在选择空间对象时，不管面临的是人工景观还是纯粹的自然景观，都应该认识到这个空间对象并不是因为在某一处屹立的时间久远而成为名胜的，也就是说，关于这个地方，一定是有关于过去所发生的事件的共同记忆，这是人们的精神财富。经济的发展不是人类社会的唯一目的，如何生存得更好是亘古不变的追求。旅游是发挥文化遗产经济价值的手段，但是对于文化遗产的精细性特征，稍不谨慎就会出现难以挽回的损失。“产业化的目的总是趋利的，这要求文化遗产的恢复及再生产迎合市场需求及消费者喜好。这在一定程度上破坏了海洋文化遗产原有的文化核心，甚至使其徒有虚名，与原有的文化遗产大相径庭”①，这一现象在推行全域旅游以来更加普遍。因此，在滨海旅游顶层设计时秉持主体性原则显得尤为重要。

在地居民与所在地方的土地融为一体，他们依靠对环境感知的经验指导家园创造。清末来华的英国人马戛尔尼等人评价当时中国的建筑说：“中国的建筑有独特的风格，和任何别的国家都大不相同，不能与我们的建筑相比拟，但完全符合他们本身的营造法。它具有固定的、从不背离的法则。而且，尽管按照我们的观点，它违反了我们本身分布、组合及协调的原则，但总的说仍然时时产生极佳的效果，犹如我们有时看一个人，脸上的器官都不美，整个容颜却十分动人。”② 在这个评价中，是源自生活的真实性赋予了西方人体会到的美。居住者在家园塑造中占据主体地位，因此，他们的家园体现人与人的融洽，也包含人与环境的融洽，浑然一体，“中式花园不按行行排列和透视法来建造……也不建成宽大路径而只让人起飞散步。它渐渐地像龙的身体般展开而延伸成最多样的变化：虚

---

① 孙吉亭、刘昌毅等：《山东省海洋文化遗产保护调查研究》，载李广杰、李善峰、涂可国主编《山东经济文化社会发展报告（2016）》，社会科学文献出版社，2016，第 239～250 页。

② 〔英〕乔治·马戛尔尼等：《马戛尔尼使团使华观感》，何高济等译，商务印书馆，2013，第 70 页。

实、曲直、岩石和植物、水质和矿物质、矗立和镶嵌、阴暗和明亮等等。中式花园不引进某种理智的超越秩序，而是用最多样的两极化来凝聚风景”①，在两极张力的作用下，变化无限，独特性与多样性也应运而生。这一传统下，呈现出来的每一处景观空间，都清晰地在人的生活中扮演自己的角色，是无声的文化氛围，也体现了中国传统文化中居住者的主体性地位。

目前在城市建设、乡村建设的层层推进中，社区菜园、街边小吃、传统的栖居形式都成了行政或政治的改造对象，被重新美化或者推倒重建，村镇布局、建筑模式通过行政的手段统一推进，席卷大地。整齐的草坪、规整的公园、宏达的广场、生硬却难以行走的石板路、水泥化的河岸，确实达到了政治的需要，然而这一切离普通人越来越远。盖房子是建筑队的事，而不再是传统建造房屋上梁时，人们自动聚过来，以相互协助作为美俗的情形了。装修是设计师的功劳，居住者主动或者被动按照财物的多少获得住房。如此，也造就了旅游者不管在东西南北都能见到类似的民居、农家大院、观景大道、购物模式、旅游产品等。似乎，只要是通晓一处旅游参观的模式，就无惧下一次的出发。诚然，规律化的局面，或许能给人带来些许熟悉的安全，如汉庭等连锁酒店，统一的装潢标志，令顾客身居其中，精神可以遨游世界。但是，不同景观的触碰继而引发的思考无处可生。人们走马观花，吃喝玩乐，只有纯粹的感官娱乐，精神的愉悦淹没其中，环境自身的教育意义也无处可寻。文脉的延续、乡愁的慰藉，都不是脱离了居住者的博物馆化或者景区化所能承担的。脱离了生活其中的人及其生活，旅游吸引物不过是一空壳，徒增物是人非的忧伤罢了。

① 〔法〕朱利安：《山水之间：生活与理性的未思》，华东师范大学出版社，2017，第 101 页。

四　文化遗产与滨海旅游业深度融合的对策思考

在主体性原则下，挖掘每一个地方的历史，尤其是普通人的生活史，用自下而上的视角，在生活中理解真实的文化遗产，既不过度拔高，也不草率轻视，继而促进旅游和遗产之间的优势互补，实现文旅深度融合。

（一）依托专业队伍，开展田野民族志调查

文化遗产资源的保护与利用是一个精细化、细腻化的话题，差异性渗透在各个环节。在观察个人、社会与文化之间的关系时，人类学田野民族志是可靠的工具，“田野民族志，核心就是要对于构成人类学民族志书写的三个最为重要的要素，即社会、个人以及文化考察和理解，进而捕捉各自背后的真实意义和彼此联系”。[①] 在滨海地区开展详细的民族志调查，有助于滨海旅游业发展中正确处理文化遗产守护与发展的关系，促进文旅深度融合。

文化遗产的概念中，精英文化不仅是遗产，也往往反映在白纸黑字的记录里，在古代社会传统中还常会上升到国家层面，以制度、法律等形式固定下来。但是各地人们的日常生活方式、生活节奏等随着时代变迁在民众间流传。民间有俗语：十里不同风，百里不同俗。这是“不可言传”的文化遗产，只能靠“心领神会”去体悟。这些差异，同时也是旅游资源开发时值得重点关注的部分。旅游的灵魂是文化，但千里如一的文化显然是没有生命力的。旅游是文化的载体，但如果载的是一成不变的文化，自然也无法融入游客的记忆里。如果“到处都一样”，谁还能给人一个更好的舍此即彼的理由？“日常生活中这些‘意会’的部分，是一种文化中最常规、最平常、最平淡无奇的部分，但这往往正是这个地方文化中最基

① 赵旭东：《理解个人、社会与文化——人类学田野民族志方法的探索与尝试之路》，《思想战线》2020 年第 1 期。

本、最一致、最深刻、最核心的部分，它已经如此完备、如此深入地融合在人们生活中的每一个细节，以至于人们根本无须再相互说明和解释，而从社会运行的角度来看，这种真正弥散在日常生活中的文化因素，看似很琐碎，实际上却是一种活生生、强大的文化力量，它是一个无形的、无所不在的网，在人们生活的每个细节里发生作用，制约着每个人每时每刻的生活，它对社会的作用，比那些貌似强大、轰轰烈烈的势力，要深恶有效得多；它对一个社会的作用，经常是决定性的。"① 人类学田野工作者在田野中对差异性的高度敏感、对观察对象微观详细的观察和记录、对遗产文化逻辑的重视、对文化与文化之间关系的重视等工作方法决定了这个学科在解决文化细节问题方面优势显著。

在山东，虽然崂山是集人文历史与自然景观为一体的山地，威海荣成、青岛黄岛集中分布的海草房是中国境内最具特色的渔民村落，但是目前的旅游现状均不理想。丰富的史料记载已经为旅游开发提供了显著优势，如果能在文献的基础上，由人类学专业学者开展详细、深入的区域民族志调查，将会有助于实现文化遗产与滨海旅游业的深度融合，进一步提高旅游产品品质。

（二）打造多元化人才队伍，做好滨海旅游顶层规划

滨海旅游"不只是在海边和海上的娱乐活动，还包括在沿海渔村、城镇所发生的全部的旅游、娱乐活动，以及住宿、餐饮、食品工业、第二住宅等"。② 文化遗产与滨海旅游业的深度融合需要多领域、多部门密切沟通与合作。以滨海渔村为例，传统村落的认定属于住建部，渔民们建造房屋的技艺、民俗、饮食制作技艺、音乐舞蹈体育等技艺归属于非遗中心，旅游资源的开发管理更多地在文旅

① 费孝通：《试谈扩展社会学的传统界限》，《北京大学学报》（哲学社会科学版）2003年第3期。

② 卢可等：《我国海洋旅游业存在的问题及对策研究》，《中国海洋学会2019海洋学术（国际）双年会论文集》，2019年10月，第150页。

和国土资源部门，而当聚焦到基层时，其实这些是同一旅游吸引物的不同侧面。那么，滨海旅游的顶层规划应该有一支来自渔业经济、水产养殖、生态学、地理学、历史学、社会学、建筑学、景观设计、管理学、旅游管理等多学科领域的人才队伍或者顾问团，从而确保旅游资源的整体规划合理并为后期发展预留空间。

（三）实现对文化遗产资源的精细化管理，促进文旅融合

旅游吸引物的多样性在给滨海旅游业提供优势条件的同时，也带来了挑战。绵长的海岸线、优质的沙滩、滨海山地、风景独好的传统渔村、现代化气息浓厚的城市是迥异的生存空间，在人的作用下，孕育出具有不同内涵的文化遗产。这一历史现实，要求滨海旅游开发在拥有一份当地完整、深入、详细的民族志调查的基础上，对不同类型的文化遗产资源实现分类、分层次的精细化管理。对文化遗产资源的精细化管理，一方面有助于精确定位旅游开发的模式与力度，另一方更有助于实现不同区域、不同季节旅游吸引物的相互搭配，提高旅游活跃度。目前滨海旅游旺季往往集中在4～10月，面对气候等不可更改的外力作用，旅游开发可以在民俗类文化遗产方面深入挖掘，利用民宿旅游形式，增强滨海生活体验对游客的吸引力，如中国“二十四节气”是以农耕生活为主的非物质文化遗产。在这一过程中，需要注意在这个体系内滨海渔民的生活节律是否有其独特性，对海洋的传统认识知识体系是否可以通过适当的形式为游客提供独特的参与式旅游体验，等等。

（四）搭起教育的桥梁，强化文旅融合

文化遗产作为乡土文化的集合体，自然也关乎在地居民的故乡记忆，因此，文化遗产内含公众教育功能。以教育为桥梁联结文化遗产与滨海旅游业，既有利于丰富滨海旅游业形式，也有利于文化遗产的传承，同时也是强化文旅融合的重要途径。进行各级各类校企合作或者校地合作，分类策划开展面对大学、中学、小学、幼儿园的研学旅游活动，在活动中，文化遗产潜移默化地在下一代人心

中播下有活力的“种子”，滨海旅游业的淡季困境也会找到新的突破口。

Study on the Deep Integration of Cultural Heritage and Coastal-tourism: A Case Study on Shandong Province

Bao Yanjie[1,2]

(1. Renmin University of China, Beijing, 100872, P. R. China; 2. Qingdao Agricultural University, Qingdao, Shandong, 266109, P. R. China)

Abstract: Coastal-tourism is an important part of marine economy. Relying on cultural heritage resources, promoting the deep integration of cultural heritage and coastal-tourism is the key to the high-quality and sustainable development of coastal-tourism. Cultural heritage has the dual attributes of history and future. As an important tourist attraction, it promotes the transformation and upgrading of tourism industry. Landscape cultural heritage is not only the home of local residents, but also the foreign land of tourists. The tension between "self" and "other", home and foreign land strengthens the attraction of tourism. Tourism resources planning must adhere to the principle of subject. Carrying out detailed ethnographic survey, building a diversified talent team, realizing the fine management of cultural heritage resources, and building an educational bridge are important ways for the deep integration of cultural heritage and coastal-tourism.

Keywords: Cultural Heritage; Coastal-tourism; the Deep Integration of Cultural Heritage and Coastal Tourism; Local Culture; Seaweed House

（责任编辑：孙吉亭）

《中国海洋经济》征稿启事

《中国海洋经济》是由山东社会科学院主办的学术集刊，主要刊载海洋人文社会科学领域中与海洋经济、海洋文化产业紧密相关的最新研究论文、文献综述、书评等，每年的4月、10月由社会科学文献出版社出版。

欢迎高校、科研机构的学者，政府部门、企事业单位的相关工作人员，以及对海洋经济感兴趣的人员赐稿。来稿要求：

1. 文章思想健康、主题明确、立论新颖、论述清晰、体例规范、富有创新。文章字数为1.0万~1.5万字。中文摘要为240~260字，关键词为5个，正文标题序号一般按照从大到小四级写作，即：“一”“（一）”“1.”“（1）”。注释用脚注方式放在页下，参考文献用脚注方式放在页下，用带圈的阿拉伯数字表示序号。参考文献详细体例请参阅社会科学文献出版社《作者手册》2014年版，电子文本请在www.ssap.com.cn“作者服务”栏目下载。

2. 作者请分别提供“基金项目”（可空缺）和“作者简介”。“作者简介”按姓名、出生年月、性别、工作单位、行政和专业技术职务、主要研究领域顺序写作；多位作者合作完成的，请提供多位作者简介；并附英文题目、英文作者姓名、英文单位名称、英文摘要和关键词；请另附通信地址、联系电话、电子邮箱等。

3. 提倡严谨治学，保证论文主要观点和内容的独创性。对他人研究成果的引用务必标明出处，并附参考文献；图、表等注明数据来源，不能存在侵犯他人著作权等知识产权的行为。论文查重比例不得超过10%。

来稿本着文责自负的原则，由抄袭等原因引发的知识产权纠纷作者将负全责，编辑部保留追究作者责任的权利。作者请勿一稿多投。

4. 来稿应采用规范的学术语言，避免使用陈旧、文件式和口语化的表述。

5. 本集刊持有对稿件的删改权，不同意删改的请附声明。本集刊所发表的所有文章都将被中国知网等收录，如不同意，请在来稿时说明。因人力有限，恕不退稿。自收稿之日2个月内未收到用稿通知的，作者可自行处理。

6. 本集刊采用匿名审稿制。

7. 来稿请提供电子版。本集刊收稿邮箱：1603983001@qq.com。本集刊地址：山东省青岛市市南区金湖路8号《中国海洋经济》编辑部。邮编：266071。电话：0532－85821565。

《中国海洋经济》编辑部

2019年10月

图书在版编目(CIP)数据

中国海洋经济. 第9辑 / 孙吉亭主编. -- 北京：社会科学文献出版社，2021.1
ISBN 978-7-5201-7782-5

Ⅰ. ①中… Ⅱ. ①孙… Ⅲ. ①海洋经济-经济发展-研究报告-中国 Ⅳ. ①P74

中国版本图书馆CIP数据核字(2021)第016547号

中国海洋经济（第9辑）

主　　编 / 孙吉亭

出 版 人 / 王利民
组稿编辑 / 宋月华
责任编辑 / 韩莹莹
文稿编辑 / 陈美玲

出　　版 / 社会科学文献出版社·人文分社（010）59367215
地址：北京市北三环中路甲29号院华龙大厦　邮编：100029
网址：www.ssap.com.cn
发　　行 / 市场营销中心（010）59367081　59367083
印　　装 / 三河市龙林印务有限公司

规　　格 / 开 本：787mm×1092mm　1/16
印 张：15　字 数：213千字
版　　次 / 2021年1月第1版　2021年1月第1次印刷
书　　号 / ISBN 978-7-5201-7782-5
定　　价 / 98.00元

本书如有印装质量问题，请与读者服务中心（010-59367028）联系